陸上自衛隊

10《ヒトマル》式戦車 写真集

浪江俊明【編】

大日本絵画

目次　the table of contents

◎カバー表4側と目次の写真／鈴崎利治

20130405

駒門駐屯地創立53周年記念行事（予行）

静岡県御殿場市の駒門駐屯地で行なわれた記念式典において、観閲行進部隊の指揮官車として先頭を行進する第1機甲教育隊第2中隊の10式戦車。車長席の前には指揮官プレートが掲げられている。

20130405

駒門駐屯地創立53周年記念行事（予行）

駒門駐屯地に所在する第1戦車大隊第1中隊の観閲行進。第1戦車大隊へは2013年3月までに約10両の10式戦車が配備された。第2期調達を示す“C2”または“C2ロット”と呼ばれ、履帯と塗装の仕様が異なる。

20130309

10式戦車教育要員養成集合訓練

第1機甲教育隊の自隊訓練の一環として北富士演習場の戦車射場（通称“徹甲弾ドーム”）で行なわれた10式徹甲弾（10式APFSDS）の射撃。約2,000m先に設置された標的に向けて徹甲弾が放たれた。
［写真／黒川省二郎］

95 5942
1機教-2

20120817

平成24年度富士総合火力演習（練成訓練）

前段演習へ向けて戦車部隊の待機位置である"狐塚"から移動を開始した戦車教導隊第1中隊。緑色の旗は弾薬が搭載されている状態を示し、発煙弾発射機にも発煙弾が装填されているのが確認できる。
［写真／鈴崎利治］

戦教-1

1
車長用視察照準装置
可視光（ハイビジョン映像）と中赤外線カメラ（熱線映像装置）を備え、360度独立旋回する。昼夜を問わず、霧や煙を通して周囲の視察と火器の照準ができる。車長用照準潜望鏡を略した“車長潜”と通称。

2
12.7mm 重機関銃
ブローニングが設計したM2を原型とするライセンス国産品。現行のM2HB-QCB（クイックチェンジバレル）仕様は銃身脱着時の間隙調整が不要で、取り扱いが容易になった。

3
重機関銃用銃架
対ゲリラ戦闘で建物の階上へ射撃するなど、対空以外への用途が考慮され、リング状レールの任意位置に旋回・固定ができる。操作は手動式。

4
GPSアンテナ
複数のGPS衛星からの電波を捉えて自車位置や標高を正確に知るためのアンテナ。10式戦車は戦車間のデータ通信機能により位置情報を交換、ディスプレイ上に表示できる。

5
砲手用視察照準装置
可視光と中赤外線カメラ（いわゆるサーマル）を備える。砲塔に固定されているほかは車長潜とほぼ同じ。太陽の射入光や雨を遮るためのフードは位置を調節できる。略称は“砲手潜”。

6
発射発煙装置
敵レーザーの照射を検知すると、連動して4連装2基の発煙弾発射機から発煙弾を射ち出す。発煙弾にはフレア（赤外線ジャマー）としての効果を併せ持ち、もちろん手動スイッチによる任意発射もできる。

7
防盾カバー
レオパルト2A5以降のタイプと同じく、この部分は付加装甲の役目も併せ持つカバーになっている。防盾（ぼうじゅん）本体に重ねる格好で取付けられている。

8
砲口照合装置
砲身の歪みを検出するレーザーの送受信部。防盾上に固定されているためミラーとの位置関係が変化せず、砲の高低（俯仰）に関わらず砲口照合が可能。

9
直接照準眼鏡
砲手潜のバックアップ用として装備された単眼式の光学式スコープ。望遠レンズとしての性能・機能は90式戦車のものと同等。

10
排煙器
砲身に開けられた数カ所の小穴から一時的に容器内に発射ガスを導き、砲弾通過時の負圧を利用してガスを砲口から排出する。エバキュエーター。

11
警音器
ホーン（警笛）ではなくサイレン。電子音になる前の警察や消防、あるいは工場のサイレンなどと同様の音を発する。

12
砲身被筒
（サーマルジャケット）
太陽光や積雪などによる温度差で砲身が歪む（反る）のを防ぐために砲身に被せられたカバー。積層構造の内部には、断熱材が充填されている。

13
砲口照合ミラー
砲口照合装置から発信されるレーザー光を装置に戻す反射鏡。反射光のズレから、砲身の微妙な歪みを検知する。周囲は穴開きの装甲でガードされている。

14
120mm 戦車砲
砲身の長さは90式戦車と同じ44口径長（約5.3m）。ラインメタル規格に準拠した薬室（薬莢部の寸法）以外は完全国産の軽量高圧滑腔砲。90式戦車では撃てない強力な10式徹甲弾（10式APFSDS）を射撃可能。

15
車体前部カバー
車体の基本構造に外装された特殊装甲のモジュールを覆っている。カバーは比較的薄い鋼板で、外観のデザイン性向上にも一役買っている。

16
方向指示器
右左折の合図を出すための保安部品（世界中のたいていの戦車に付いている）。駐屯地や演習場内での移動時でもごく普通に使う。

17
サイドスカート
サイドスカートは鋼板製で、対戦車兵器の成形炸薬弾頭の効果を減少させる。下部のゴム製スカートは転輪ゴムやハブベアリングが発する赤外線を遮断し、赤外線ステルス性を高めている。

18
特殊武器防護装置
特殊フィルターを通した空気で車内を与圧することでNBC（核・生物・化学）汚染物質の侵入を防ぐ。各乗員の防護マスクに安全な空気を送る個別配管も装備する。

19
サイドモジュール
砲塔側面部の外装式装甲部分は“サイドモジュール”と呼ばれる。モジュール式は現状より強力な付加装甲に進化させる将来発展性に富み、破損時も当該部分だけの補修で済むなどメリットが多い。

20
サイドバスケット
砲塔に外付けされたサイドモジュールの後半部は乗員の手回り品などの収納用とされる。箱状ながら名称は“サイドバスケット”。

21
レーザー検知装置
誘導爆弾や対戦車ミサイルの誘導用、戦車砲の測距用など、用途によって波長の異なるレーザー照射を検知する。砲塔の4隅に装備され、それぞれ3種の検知部を備えている。

22
環境センサ
射撃時の弾道計算を補正する気象データを計測する。90式戦車のものは風向・風速を測定する“横風センサ”だが、10式戦車では気温と気圧を含む“環境センサ”となった。

23
リアバスケット
車体カバーや偽装網などの荷物入れ。砲弾の搭載時には左側の一部を開放する必要がある。写真では未装着だが、左側には12.7mm弾の弾薬箱が入るバスケットを増設することができる。

24
周囲確認装置（後方用）
いわゆるバックモニター用のカメラ。操縦手はこれまで後退時の視界がまったくなく、車長などの指示だけを頼りに操縦していた。10式戦車ではモニターの映像を見て確認することができる。

25
誘導輪
（アイドラーホイール）
支持アームに油圧シリンダが接続され、転輪が上下しても履帯の張度を一定に調整する。また車体姿勢を低くしたときは誘導輪が前方に、反対に車高を上げたときは後方に動く。

26
転輪（ロードホイール）
片側5脚の転輪はすべて油気圧懸架装置で支えられる。姿勢制御装置により前後左右に姿勢変換が可能で、車高の低さと砲の高低射角の大きさを両立した。稜線の背後に隠れての射撃など、地形を有効活用できる。

27
起動輪
（ドライブスプロケット）
エンジンのパワーで履帯を駆動する車輪。10式戦車のエンジン最高出力は90式戦車の8割だが、冷却や動力伝達における損失が非常に少ないので、起動輪を回すパワーは90式戦車と同等以上といわれている。

28
補助電源装置（APU）
排気口
エンジン停止時にも電装系が長時間使える発動発電機の排気口。APUは砲塔旋回や射撃など、走る以外のほとんどを機能させる。赤外線対策のため排気口は下向きに開口。

29
エンジン排気口
エンジン排気ガスの出口。音量や赤外線の放射を減らす工夫が凝らされている。無段階自動変速装置により、走行速度に音量とテンポがマッチしない独特のリズムを吐き出す。

30
消火装置
（手動ハンドル）
車内に固定装備されている自動消火装置を、外部から手動で作動させるためのハンドル。試作車では車体右側面に位置していた。

31
車長（戦車長）
10式戦車の乗員3名のチームリーダーとして全体に目を配り、状況判断してチームを統率する。オーバーライド機能により砲手の役目を果たすこともできる。

32
砲手
車長の命令で120mm砲の照準を合わせ、弾種を選択して射撃を実行する。連装銃も扱う。移動中は周囲に目を配り安全を確認する。

33
砲塔前部カバー
内部に配置された特殊装甲（鋼板やセラミックスなどを積層した複合装甲）を覆うカバー。特殊装甲は徹甲弾（APFSDS）と対戦車榴弾（HEAT）の双方に対して高い耐弾性を発揮するといわれる。

34
連装銃
実績のある74式車載7.62mm機関銃を搭載。陸自の戦車として初めてFCS（射撃統制装置）と連接され、目標捕捉・射撃精度とも飛躍的に向上した。一般には同軸機銃とも呼ばれる。

35
操縦手
乗員は最初に“大型特殊（カタピラ付）”の免許を取得する。10式戦車の操縦装置は、操作が両手だけに集約されたジェットスキーやスノーモビルに近いものらしい。

36
操縦手カメラ
操縦用の赤外線カメラ（熱線映像装置）。必要時にペリスコープを差し替えるような手間がなく、スイッチの切り替えだけでモニターにサーマル映像を映すことができる。

37
管制運転灯
上空や遠方から視認されないよう、戦車前方の限られた範囲の地面を、肉眼で確認できる最低限度の明るさで照らすヘッドライト。

38
管制車幅灯
近くからでないと見ることができない、ごく弱い光を発して、周囲にいる味方などに戦車の存在を知らせるためのライト。

39
履帯
履帯はダブルピン・シングルブロック（ゴムパッド着脱式）と呼ばれるもの。起動輪の歯が履帯の連結部（エンドコネクター）にではなく、履板の穴に噛むことで確実性と信頼性が増した。

40
周囲確認装置（前方用）
主に操縦手が使う前方視察用カメラ。戦車直前の死角をカバーし、登坂時など車体が後ろへ傾いた場合でも地面が確認できる。

41
前照灯
通常のヘッドライト。パレードで偉容を強調したり周囲に注意喚起する場合など、状況によっては言うまでもなく昼間点灯する。

10式戦車の概要
(プレスリリースより)

使用目的/現有戦車の後継として戦車部隊に装備し、対機甲戦闘・機動打撃及びゲリコマ攻撃事態対処に使用する。
運用構想/ゲリコマ攻撃事態対処・本格侵攻事態対処・戦略機動・機動打撃・対機甲戦闘。
C4I 機能/戦車相互のデータによる情報交換及び FCS への表示。
火力/ 90TK 以上の威力。
戦略機動/砲塔車体一括輸送。
戦場機動/俊敏な戦場機動力。

10式戦車 諸元・性能

乗員	3名(車長、砲手、操縦手)
全備重量	約44t
車体重量	42.24t
全長	9.42m
全幅(スカート含む)	3.24m
車体幅(履帯の両端まで)	3.12m
全高(砲塔上面まで)	2.30m
(センサ端まで)	約2.9m(推定)
旋回性能	超信地
最高速度	70km/h(前進/後退とも)
エンジン形式	水冷4ストローク・ターボ過給ディーゼル
・気筒配列	V型8気筒
・最高出力	1,200ps/2,300rpm
変速機	油圧機械式自動変速機
・変速段数	無段階
サスペンション形式	油気圧式 (全脚)
・車体姿勢変換機能	前後・左右・上下
武装	44口径120mm滑腔砲
	12.7mm 重機関銃
	74式7.62mm 機銃
指揮統制通信機能	音声無線通信
	基幹連隊指揮統制システムへ加入可能
	戦車相互のデータによる情報交換 / 表示

陸上自衛隊10式戦車

量産車写真集

10式戦車の量産車は2011年の年末に初号車が完成し、'12年が明けて早々に富士学校で行なわれた「10式戦車入魂式」が報道公開された。'12年末からは第2期調達による"C2"ロットが完成し、'13年3月までに部隊配備されている。以下、本書が捉えた10式戦車を、取材ができた機会ごとに日付を遡りながらご紹介してゆきたい。

20130526 → 20120110

20130526

東部方面混成団
創立２周年記念行事

神奈川県横須賀市の武山(たけやま)駐屯地において、東部方面混成団(東混団)創立2周年記念行事が行なわれた。第1機甲教育隊は東混団の隷下部隊として行事に参加し、10式戦車は観閲行進と模擬戦を行なったうえ、グラウンドに装備品展示された。

東部方面混成団は2011年の4月に新しく編成された。新入隊員に対する基本教育を任務とした旧第1教育団を母体に、コア部隊（即応予備自衛官が主体）である第1師団第31普通科連隊を統合したもので、さらに'13年3月には、同じ東部方面隊隷下の第12旅団第48普通科連隊が編成に加わった。陸自の混成団として最大規模となっている。以下、本書に頻繁に登場する第1機甲教育隊(1機甲）は旧第1教育団から東部方面混成団に引き継がれ、機甲科（戦車と偵察）の基本教育を担任している。

1機甲の10式戦車は同隊の90式戦車と74式戦車改、74式戦車とともに静岡県御殿場市の駒門駐屯地から神奈川県横須賀市の武山駐屯地までトレーラー輸送され、創立記念行事に参加した。右の写真は式典に続く模擬戦闘訓練展示で、戦闘加入のため会場に現れた場面。

20130526

トレーラー輸送される10式戦車

記念行事が終了すると、1機甲の隊員は間を置かず静岡県御殿場市の駒門駐屯地に戻る準備を開始した。モジュール式装甲を採用した10式戦車は、一部の部品を取り外すことで積載量40tの73式特大型セミトレーラで輸送することができる。

以下一連の写真は、東部方面混成団創立２周年記念行事の終了後、第１機甲教育隊のホームベースである駒門駐屯地に戻る10式戦車の準備作業を捉えたもの。東部方面後方支援隊第301輸送隊の73式特大型（とくおおがた）セミトレーラーが輸送支援を担当している。

90式戦車は専用に開発された最大積載量50tの特大型運搬車に載せるか、車体と砲塔を分離して別々のトレーラーで運ぶ必要があった。10式戦車は既存の73式特大型セミトレーラー（最大積載量40t）による輸送をはじめ、74式戦車のために整備されたインフラを利用して運用できるように考慮されている。

ちなみにセミトレーラーは50t積みが4軸、40t積みが3軸なので容易に見分けることができるが、トラクター（牽引車）は外観こそほとんど同じながら一部の仕様が異なるらしい。また、73式特大型セミトレーラーも、積載時に誘導員が立つステップやマーカーランプなどの細部が改修された新型が登場している。

10式戦車は車体および砲塔前部のカバーの内側にそれぞれ搭載されていた装甲モジュールを取り去ったうえ、公道走行時の高さ制限を超える重機関銃の銃架なども取り外している。積載時は油気圧式懸架装置を働かせて車体を高姿勢とし、車両の重心によって厳密に決められた搭載位置まで誘導員の指示に従ってごく慎重に戦車を進めていた。左右に余裕のないトレーラー上で、1cm単位の微調整をするには、非常にデリケートなアクセル操作が求められるという。

20130427

ニコニコ超会議2（幕張メッセ）への搬入

千葉県の幕張メッセで開催された『ニコニコ超会議2』に展示ブースを設けた防衛省は10式戦車の展示を決定。静岡県駿東郡小山町の富士駐屯地から富士学校機甲科部の車両を搬入した。写真は4月26日から27日にかけての深夜に撮影したもの。

©この見開きページの写真／鈴崎利治

陸上自衛隊は動画投稿サイト『ニコニコ動画』内に“陸上自衛隊広報チャンネル”を開設し、硬軟取り混ぜてさまざまな動画を発信している。『ニコニコ超会議2』は「ニコニコ動画のすべて（だいたい）を地上に再現する」のコンセプトで2013年4月27～28日に千葉県の幕張メッセで開催され、ここに防衛省はブースを出展、10式戦車を展示した。

この10式戦車は陸上自衛隊富士学校機甲科部のもので、'12年1月に量産車として初めて公開された車体だ。戦車は夜間にしか運べないため、富士学校から東名高速、環状8号線を経て、まず朝霞駐屯地に搬入された。そして翌日は一般道を使って幕張メッセに運ばれている。

ここで注意したいのは、この戦車は全体にわたって再塗装が行なわれていること。砲身中央部が茶色に塗られているほか、パターンの雰囲気も他の車体とはやや異なっている。

写真下左はイベント中に防衛省ブースで行なわれた10式開発関係者の座談会。下右はイベントに参加した特殊部隊風コスプレ集団“自宅警備隊 N.E.E.T”と人気アニメ『ガールズ＆パンツァー』の幟に彩られた10式戦車。

20130405

駒門駐屯地創立53周年記念行事(予行)

静岡県御殿場市の駒門駐屯地には、陸自機甲科(戦車と偵察)隊員の基本教育を担当する第1機甲教育隊と、首都圏を担任区域とする第1師団の戦車部隊である第1戦車大隊が同居している。記念行事には両隊の10式戦車計5両が参加した。

駒門駐屯地に所在する第１師団第１戦車大隊は、第１師団長 反怖（たんぷ）謙一陸将の臨席のもと '12 年 12 月６日に同隊最初の 10 式戦車に対して『入魂式』を行なった。その後 '13 年３月までに約 10 両が配備され、一般にとっては４月７日の駐屯地記念行事が初めて第１戦車大隊の 10 式戦車を見る機会となった。

写真は第１戦車大隊第１中隊の中隊旗を掲げ、中隊長車として行進する様子。後方には２両が続行している。この角度から見る、いわゆる“C2”仕様の 10 式戦車は砲身から車体前部にかけて、ことさら茶色っぽい印象を受ける。

95-4393
1戦-1

95-5029

左ページは中隊長車に続く2両。これまでの陸自戦車の迷彩塗装は、ひとつとして同一パターンの車両が存在しないといわれてきたが、10式戦車は同じ生産ロットの車両はすべて同じパターンに塗られている。また撮影は記念行事の予行日で、雨上がりの地面を走行した際に跳ねた泥の跡がスカート周辺に残っている。それを乗員が拭ったり、服が擦れて泥汚れが落ちた跡も興味深い。

右ページは観閲行進部隊の指揮官車としてパレードの最後に登場した第1機甲教育隊の10式戦車。教育隊長 千葉茂1佐が駐屯地司令の国際活動教育隊長 伊崎義彦1佐に敬礼すると同時に、姿勢制御装置によって戦車にもお辞儀（前傾）の動作をさせている。

　模擬戦闘訓練には第１戦車大隊の10式戦車２両が参加した。写真は戦闘に加入するためにグラウンドに入ってきた場面だが、駒門駐屯地の構造上、入り口へは縦列で進入して鋭角気味に曲がらねばならない。そのため２両が展開するにつれてそれぞれの見える角度と位置関係が刻々と変わり、変化のある絵柄が撮影できた。
　また取材した予行日は、グラウンド周囲の桜には充分に花が残っており、これをバックに地面の花びらを巻き上げながら突進する10式戦車が撮影できた。ところが予行翌日から行事当日の朝にかけて激しい風雨となり、背景は完全な葉桜に変わってしまった。

　このページは模擬戦闘訓練において対抗部隊に肉薄する10式戦車。左から右にS字カーブを切り、敵陣地の手前で急制動をかける動きだ。10式戦車のサスペンションは90式戦車や74式戦車よりも速く大きく動くように感じられる。駒門のグラウンドは、御殿場周辺の駐屯地のなかでは狭く、それほど速度は出ていないのだが、コーナリングの頂点付近ではローリング（左右方向の傾き）とピッチング（前後の傾き）が組み合わさった複雑な動きを見せている。そして制動では、最後部の転輪が完全に浮き上がっている。一方、それに反して安定装置の働きで砲身の向きは一定に保たれており、高い戦闘能力の一端が垣間見えるようだ。

20130315

富士教導団戦車教導隊
戦車射撃競技会

戦車教導隊の戦車射撃精度を向上させるとともに、士気の高揚および団結の強化を図るのを目的として、平成24年度戦車射撃競技会が行なわれた。当初予定の3月14日は悪天候のため順延され、競技は翌15日に変則ルールで実施された。

◎上の写真２点／岩本富士雄
◎見開き写真／黒川省二朗

富士教導団戦車教導隊の戦車射撃競技会は、富士総合火力演習と並んで実弾射撃としては取材がしやすい機会であり、例年多数のメディアが訪れる。戦車教導隊長 大塚元幸１佐が統裁官を務める2013年の競技会は、戦車教導隊第１中隊が74式戦車から10式戦車へ装備を更新して臨む最初のもの。61式戦車が退役して以来、久しぶりに３車種が参加することもあって、カメラマンや記者の期待も膨らんだ。

競技会は戦車教導隊の４個中隊から各２個小隊の戦車が参加し、加えて評価支援隊戦車中隊からも１個小隊が初めてオープン参加（ゲスト出場）した。競技は中隊対抗の部と小隊対抗の部に区分され、第１状況（小隊集中による行進射撃）、第２状況（同時多目標に対する躍進射撃）、第３状況（連装銃の行進射撃）の設定のもとで射撃が競われる。

各小隊は標的が見えない位置から発進し、走行中に指揮車（96式装輪装甲車）から多数が並んでいるうちの、どの的（てき）を撃つかを指示（目標付与）されて射撃を行なう。車長が目標を発見して砲手に伝え、照準して発射するまでのタイムが成績に大きく影響するため、高度な射撃統制装置（FCS）を装備する10式戦車がどんな射撃を見せるかに興味が集まる。

ところが当日の３月14日は未明から暗い雨空。標的地域には霧が発生し、目標が見えない状況となった。熱源をもたない標的では、目視できなければ射撃もできず、時間を区切っては競技開始の判断を順延するうち、１発も撃たないまま終了時刻となってしまった。

というわけで、左の写真は翌15日の午前中に変則ルールで競技を短縮して実施された射撃の模様。向かい風が強く、シャッターのタイミングによって発砲焔が吹き戻されたようなめずらしい画像となっている。上の写真は画面右手の後方から射場に進入し、一斉に目標方向にターンする戦車教導隊第１中隊。先頭と後尾の車両は、定数を満たしていなかった同中隊に追加配備されて間もない“C2”仕様。塗装の配色が“C1”仕様と逆とはいっても、こうして並んでもすぐには気付かないほどだった。

20130315

◎写真／黒川省二朗

20130309
第1機甲教育隊
10式戦車教育要員
養成集合訓練

これから配備が進むにつれて必要数が増す、10式戦車の教育要員を養成する訓練の一環として“徹甲弾射撃”が行なわれた。使用されたのは新型の10式徹甲弾(10式APFSDS)で、場所は北富士演習場の戦車射場、通称“徹甲弾ドーム”である。

10式戦車は新たに純国産の120㎜滑腔砲（かっこうほう）を搭載、併せて威力を増した新型砲弾である『10式徹甲弾（10式APFSDS）』も採用された。砲身長44口径で見かけは90式戦車の砲とほとんど変わらないが、中身と威力は数段の進歩を遂げている。

APFSDS（装弾筒付翼安定徹甲弾）の本体は直径25㎜から35㎜、長さ50～60㎝ほど（いずれも大雑把な見当）の酸化タングステンの棒（貫徹体）。その先端に鋭く尖ったキャップ、尾部に安定翼が付属した飛翔体の状態で撃ち出される。飛翔体は砲口を飛び出すまでは装弾筒（サボ）と呼ばれる3分割された金属片で支えられ、これは砲口から出た途端に空気抵抗で離脱する仕組みになっている。

滑腔（スムーズボア）砲はライフルがないため抵抗が少なく、砲弾は音速の5倍超ともいわれる高速で発射される。普通は2㎞か、せいぜい3㎞先の戦車を狙うが、数10㎝もの鋼板を貫徹するものだけに、単に飛ぶだけなら数10㎞から100㎞先にも届いた例があるらしい。そんなAPFSDS弾は、万が一跳弾した場合を考えると、おいそれと普通の射場では撃てない。標的の周囲を頑丈な鉄筋コンクリートで囲んだ専用の射場が必要になる。

この項で取材したのは山中湖に近い北富士演習場内の戦車射場。ここには日本でもごく限られた数しかない専用施設が整備され、“徹甲弾ドーム”と通称されている。富士総合火力演習の行なわれる東富士演習場など一般の射場では、安全性を高めた『00式演習弾』を使用しており、10式戦車に限らず、90式戦車や74式戦車も徹甲弾の実弾射撃を行なう場合はここまで移動してくるのだ。

写真は射座を降りて展開中の10式戦車。射場には標的までの距離が約1.5㎞、約2㎞など何ヵ所かに河川の堤防のような射座が設けられており、上下の動きのある画像を撮ることができた。太陽が低くて逆光ぎみのため砲塔の立体感が強調され、砲塔リング（車体と砲塔の接続部）が車体のかなり前寄りに付いているのがよく解かる。

この日に行なわれたのは第1機甲教育隊の“10式戦車教育要員養成集合訓練”の一部をなす徹甲弾射撃。正確な訓練名称は“戦車砲停止射撃(徹甲弾)”で、担任官は第1機甲教育隊第2中隊長の板嶋1尉が務めた。これから10式戦車の部隊配備が進むにつれて教育要員の必要数も増すが、その基幹となる隊員をまず訓練するというもので、取材当日は9名が交代で射撃を行なった。射座の後方には射撃の観測（陸自でいう観測は命中の判定と修正を意味する）のため観測所が置かれた。卓上には通信や記録用の機器やモニターが並び、チャート類を貼るためのボードも用意されてちょっとした指揮所の風情だ。第1機甲教育隊長千葉1佐も視察に訪れた。

もっとも興味深いのは、10式戦車から有線で結ばれた観測所のモニターに、車長や砲手が見ているハイビジョンカメラによる映像と同じものが共有され、これで観測を行なっていると説明されたこと。光学式照準装置を基本とした従来の戦車とは一線を画する新世代の10式戦車ならではの光景と言えるだろう（接近は規制された）。

写真はいずれも射程約2kmで行なわれた10式徹甲弾の射撃。上の写真には砲手ハッチから引き出されたケーブルがはっきり写っている。下3点は命中の瞬間。薄い金属板の標的に金属棒が当たっただけなのに、爆発的な火花が発生しているのが徹甲弾の威力を物語る。左3点は飛翔する砲弾と分離した装弾筒（サボ）が分かるカットを選んだ。砲弾が命中してもサボはまだ空中に留まっている。

◎左ページ写真／黒川省二郎
◎右ページ写真／本田圭吾（インタニヤ）

20130309

10式徹甲弾（10式APFSDS）の開梱と“砲通し”

以下は10式戦車の攻撃力を大きく向上させた新型の10式徹甲弾（10式APFSDS）の開梱と、射撃の前後に行なわれる砲身の清掃（“砲通し”と通称される）の模様。高度なテクノロジーも、乗員のマンパワーとチームワークがなければ活かせないのだ。

10式戦車は、新型の10式装弾筒付翼安定徹甲弾（10式APFSDS）をはじめ、以下は90式戦車と共用のJM33装弾筒付翼安定徹甲弾（90式APFSDS）、JM12A1多目的対戦車榴弾（HEAT-MP）、00式120㎜戦車砲用演習弾（TP）の4種類の砲弾を使用する。

10式徹甲弾は、弾身の長さと直径の比率（L/D比）を大きくし、装薬も見直したことで装甲貫徹力を増した。サボの形状も変更されている。120㎜滑腔砲の高圧化、軽量化、閉鎖器のマルチラグ化（閉鎖ブロックの噛み合わせ部を小型化したかわりに段数を増した）によるシール性の向上と軽量化などと併せて威力を発揮するため、薬莢（砲の薬室）の規格が同じでも90式戦車では使用できない。

写真は3 1/2tトラック（通称3トン半）から砲弾を卸下（しゃが）し開梱する場面。弾薬係の坂口2曹が掲げて見せてくれた。砲弾はファイバーケースと呼ばれる圧縮紙のケース（大きな賞状入れのようだ）に入り、木箱に収められている（木箱のほかに金属製のコンテナもある）。薬莢部はアルミかバフがけのステンレスのような金属光沢を放っているが、半焼尽式の名のとおり射撃時には燃え尽きてしまう。電気式雷管と火管が付属し、薬室との気密性を保つ役目の底部しか残らない。輸送時にサボ部覆っているプラスチック製の保護材は00式演習弾の半透明乳白色に対してOD色で成形されている。それにしても、なんとも鋭い先端である。

©写真／本田圭吾（インタニヤ）

射撃後に行なわれた砲腔内の清掃、通称“砲通し”の模様。これはどの銃砲にも共通して必要となる保守作業で、最新鋭の10式戦車も例外ではない。砲腔内は高温高圧の発射ガスに曝され、発射薬のカスや擦れながら高速で通過する砲弾やサボの残渣などが残る。これを放置すると内面が腐食し、射撃精度が低下してしまうのだ。この日は短射程での点検射（試射）の後と射程約2kmでの射撃の後、ほんの3時間ほどの間に2回の砲通しが行なわれた。

作業はまず車体後部右側の箱に分割・収納された洗桿棒（クリーニングロッド）を長く繋ぐことから始まり、先端には直径10cmほどのブラシ部が接続される。砲塔内からはウエス（布きれ）が取り出され、ブラシ部に巻き付けられる。ウエスを巻いた洗桿棒を砲口に挿し込むと、「押して押して引いて、でいくぞ」などと手順を打ち合わせ、全員が小刻みに棒を動かしながら押し込んでゆく。一端砲尾まで突き込んだら、やはり細かく前後させながら引き抜いていく。

このときは1機甲第2中隊の深瀬2曹以下9人がかりで作業していたが、リズムが少しでも狂うと、棒が途中で動かなくなるほど固く布が巻かれていた。そのくらいキツくしないと清掃の効果がないそうで、訓練幹部いわく「ティーガー戦車の記録写真で3～4人で楽しそうに写ってるのがあるけど、あれは塗油だけだと思う」だそうである。こうした作業は小隊単位でなければ実行不可能なようだ。

左段中央は砲身を伝声管にして車内の乗員と会話する古賀2曹の横で、固く締まったブラシ部のネジを外そうと奮闘中の光景。中央下2枚はツルハシの収納法。右は射撃後の薬莢底部を卸下する武田3曹とトラックに積まれた薬莢底部。

20130215

第1戦車大隊第1中隊単車による機動訓練

平成23年度予算による10式戦車の第2期調達分は平成24年末から25年初頭にかけて完成し、第1戦車大隊には25年3月までに約10両が配備された。量産2年目の車両は"C2"または"C2ロット"と通称され、塗装の様式と履帯の形状が変更されている。

◎下の写真2点／本田圭吾(インタニヤ)

10式戦車の調達は第1期、第2期ともに13両ずつで、この数は1個戦車中隊の定数にほぼ相当する。初年度は全部が教育所要分となり、第2期調達分が初めて実動部隊へ配分されるとして（これをもって「本格配備」と言うこともできる）、配備先が非常に注目された。

結果は第1戦車大隊で、これまで生産された10式戦車のほとんど全部が東富士演習場の周辺に配置されることになったのが興味深い。

第1戦車大隊は、単に第1師団の戦車部隊というだけでなく、関東甲信越と静岡の11都県という広い地域をカバーする東部方面隊にあって唯一の戦車戦力でもある。これまでの74式戦車とは名称が36年も離れた新鋭装備に対する期待は大きい。

写真は雨の降るなか、東富士演習場で単車機動訓練を行なう第1戦車大隊第1中隊の10式戦車。右下は乗車と下車のさいの点呼の模様。車長（中隊長伊東1尉）が「報告」と求め、順に「車長」「砲手」「操縦手」と報告しているシーンだ（砲手は森3曹、操縦手は荒井士長）。

20130215

　第１戦車大隊に配備された10式戦車は、部隊で第２期調達（コントラクト）を意味する“C2”または“C2ロット”と呼ばれている（それ以前の仕様は遡って“C1”および“C1ロット”と呼ばれるようになった）。

　“C2”仕様は外観の形状や装備品に目立った変更は見られないが、塗装に大きな変更が加えられた。従来の陸自戦車は基本的に個々の車両の塗装がすべて異なるように塗られていたのに対し、10式戦車では“C1”ロットの全部が同じパターンで塗られていて注目された。

　一転して“C2”仕様は塗り分けパターンそのものは基本的に”C1”と同じだが、濃緑色と茶色の順番が入れ替わったのだ。前から見ると、砲身全体を含む茶色の印象が強くなっている。

　また量産２年目にして、早くも履帯の形状が変更されたのにも驚かされた。

“C2”仕様の新型履帯

10式戦車“C2ロット”の履帯は、サイズや基本形状こそ“C1”と共通ながら、裏側（転輪と接する面）にゴムパッドが追加された。これは走行で発する転輪との摩擦熱や振動を履帯の接地面に伝え、履帯に付着した泥や雪をふるい落とす効果を高める目的だと思われる。乗り心地も向上しているはずだが、はっきり体感できるほど大きなものではないらしい。写真の予備履帯は黒く塗装されているので分かりにくいが、履帯表面（接地面）は“C1”に比べて平面的になった。

“C1”仕様の履帯

20130107

第1機甲教育隊
平成25年訓練始め

正月休暇明けの1月7日、第1機甲教育隊の“訓練始め”が行なわれた。同隊が所在する駒門駐屯地から東富士演習場の畑岡射場まで合計約35両の車両行進により移動。部隊の安全を祈願すると同時に、有事における即応性を確認した。

◎左ページの写真２点／本田圭吾（インタニヤ）

一般で言う、いわゆる“仕事始め”の日かそれにごく近い時期に、各地の自衛隊駐屯地ではさまざまな規模や形態による“訓練始め”が行なわれている。ところが、一面の雪原を 90 式戦車の大群が行進する第７師団や、大規模な降下訓練を披露し、防衛大臣なども臨席する習志野の第１空挺団、十数機の大型ヘリが一斉に編隊離陸する木更津の第１ヘリコプター団などは繰り返し報道されるものの、それら以外はほとんど知られていない。

なかには軽いランニング程度を文字通りの訓練始めとする場合もあるらしいので、部隊や駐屯地として以前から公開イベント化しているところと、あくまで普段の部内行事として捉えているところの差が大きいのだろう。

2013 年の年頭に当たり、駒門の第１機甲教育隊は、隊本部以下各中隊から装軌車 19 両、装輪車 16 両が参加する「年頭訓練」を実施した。その内容は駒門駐屯地から東富士演習場の畑岡射場までを行進、車両を整列させて隊長の年頭訓示を受け、安全祈願を行なうというものだった。隊の説明によれば「新年の始めを祝い、隊内の融和・団結とともに行進能力の向上をはかり、あわせて安全祈願により車両事故の絶無を期す」ことを目的としている。

年末年始の休暇中も、隊に残る当直員が定期的にエンジンをかけたりバッテリーを充電するなど、各車両は必要となればすぐに動かせる態勢が取られている。このような訓練はセレモニーの形式を取りつつも、車両の動作確認や乗員の技量維持の機会になっている。部隊はつねに“人車一体”による即応性を維持しているのだ。

写真は駒門駐屯地と畑岡射場の中間付近で、演習場を横切る一般道のアンダーパスを抜ける第１機甲教育隊の隊長車を捉えた連続ショット。ここはかなり勾配が急な峠道のような場所で、10 式戦車も後傾しながら登ってくる。

写真上は年頭訓示を行なう第１機甲教育隊長の千葉１佐と、隊長に対する部隊敬礼。各中隊長など指揮官は挙手、各隊員は頭中（かしら なか）の敬礼を行なっている。隊旗のオレンジ色は機甲科（戦車と偵察）のシンボルカラーで、白い線１本は中隊を示す。第１機甲教育隊は５個中隊（第３中隊は欠）を有し、連隊に準じる規模の部隊なので、隊旗の白線は３本（大隊は２本）になっている。

写真中段は中隊ごとに行なわれた安全祈願の模様。隊長から各中隊長に手渡された一升瓶には訓練幹部の手によって特製された部隊マーク入りの熨斗紙が巻かれていた。一礼の後に清めが行なわれたが、これはは車首の桜のマークと左右の履帯に注がれた。

右ページ上から左下にかけては、安全祈願と記念撮影も終わって整列を解き、駐屯地に戻る第１機甲教育隊。正面ややや上から見下ろす10式戦車の砲塔側面のラインは車体と並行ではなく、２カ所で角度がついた複雑な構成なのが分かる。

下の２枚は雨水が流れて自然にできた下水溝のような溝を超える場面。左下写真では第１転輪が完全にスカートに隠れるらいサスペンションがストロークして（縮んで）いるのに対し、第2、第3転輪はリバウンドして（伸びて）車体姿勢を保っているのが興味深い。

◎右ページの写真２点／
本田圭吾（インタニヤ）

95-5942
1機教-2

20121115

第1機甲教育隊の戦車射撃訓練に密着

2012年11月15日、東富士演習場の畑岡射場で第1機甲教育隊の初級陸曹特技課程における戦車射撃訓練が実施された。当日の訓練には写真の10式戦車以外にも、第2中隊の74式戦車4両、第1中隊の90式戦車2両などが参加した。

ここでご紹介する実弾射撃は「初級陸曹特技課程における戦車射撃訓練」でのもの。この訓練は陸曹候補生になった陸士長が陸曹になるための6ヶ月間の課程の後期に行なわれる。前期3ヶ月で班長（分隊長）としての共通教育を終えると、後期は特技課程（機甲）として専門の職種教育が実施される。ここでの陸曹候補生はすでに装塡手や操縦手としての経験者で、所属を見ると全国の戦車部隊から集まっているのが確認できた。ここに写っている陸曹候補生（74式戦車の戦車帽を着用）も、晴れて後期課程を終了し、職業自衛官である陸曹になっていることだろう。

20121115

弾薬の搭載および薬莢部の卸下の状況

この日の射撃訓練では、標的までは実弾と同様の精度で飛ぶが、それを超えると飛翔体が分解・落下して演習場外に飛び出さないように作られた『00（マルマル）式120㎜戦車砲用演習弾』および76㎜発煙弾が使用された。

第１機甲教育隊は静岡県御殿場市の駒門駐屯地に所在し、機甲科職種の陸曹（下士官）と陸士（兵）に対して教育を行なっている。東富士演習場を挟んでちょうど反対側に位置する富士学校が主に小隊長以上の指揮官やその候補者を対象に教育を行なうのに対し、１機甲は戦車乗りや偵察隊員の陸曹と陸士にとっての故郷と言える。

部隊の特性上、機甲科のすべての種類の装備が揃っており、わけても90式戦車と87式偵察警戒車のようなまったく異なるタイプの車両が同じ中隊に装備されているのは他では見られないユニークな光景だ。１機甲第２中隊も74式戦車のなかに、ただ１両の10式戦車が加わった変則的な編成になっている。

取材日の訓練のメインは、レールに沿って横方向に動く標的を停止状態で狙う移動目標射撃。陸曹候補生は順番で10式戦車に乗り、約1.5㎞先のターゲットに向けて砲弾を送り込んだ。搭載した砲弾を撃ち終わると地形の陰に隠れるように設置された弾薬交付所に戻って薬莢を卸し、新たな砲弾を搭載した。

写真は10式戦車に砲弾を搭載するシーンで、車上にいるのは教官や助教を務める１機甲第２中隊員で、『00式120㎜戦車砲用演習弾』を運んでいるのが曹候補生だ。00（マルマル）式演習弾は弾身が縦に３分割され、先端は溶けやすい合金のチップで固定されている。訓練で設定される標的の距離までは実弾と同じ弾道を描いて飛ぶが、それを越えると空気との摩擦熱で先端のチップが溶けて外れ、弾身が分解して急速に落下するようにできている。そのため徹甲弾ドームのない通常の射場でも徹甲弾の射撃訓練が可能になったのだ。

10式戦車に砲弾を搭載するにあたっては、砲塔バスケットの左側約1/4を真横に開き、砲塔後部の車外弾薬格納ハッチ（給弾ハッチ）を開いて自動装填装置に砲弾を格納する。なお戦車の近くまでは砲弾の先端に保護キャップ被せたままの状態で運び、車上に掲げた段階で外されているのに注意してほしい。

こちらのページの上半分は発煙弾発射器に76㎜発煙弾を装塡する場面。木箱で運ばれた発煙弾はアルミ蒸着フィルムを使ったラミネートパックに包まれていて（どう見てもレトルト食品だ）、これを開封するとファイバーケースが出てくる。ちなみにパックには開封用の切り口はないようで、カッターナイフを使っていた。

発煙弾を装塡する際は、弾の前面に手や指がかからないよう、両手を使って横から保持する決まりになっている。これは万が一の誤発射に備えてのことで、この付近のデザインが試作車とは変わったのは、こうした実用性と安全性が優先された結果なのだった。それにしても発煙弾の造作や表面仕上げが、まるで顕微鏡かカメラの高級レンズのように美しいのに驚いてしまった。

下段は00式演習弾の薬莢部を卸下するシーン。前掲の10式徹甲弾よりも火管（発射薬を一気に燃焼させるための管）が長いのが分かるだろうか。

20121115

旋回行進間射撃（スラローム射撃）の状況

高速で“S”字を描いて走行しながら、カーブの頂点で連続して射撃を行なう旋回行進間射撃、いわゆるスラローム射撃は、すぐれた機動性と信頼性の高い自動装填装置に、射撃統制装置（FCS）とジャイロの連接によって可能になった。

以下一連の写真は、2012年の富士総合火力演習で一般に公開されて話題となった旋回行進間射撃、いわゆるスラローム射撃の模様。まず左に旋回しながら最初の1発を撃ち（左ページ下）、次いで右に急旋回しながら2発目を射撃している（右ページ）。これは砲塔と車体の傾きをジャイロが検出するとともに、射撃目標を追尾できることによって可能となった。90式戦車は急制動で後部の転輪2個を浮かせるほどのジャックナイフ状態の最中にも射撃を見せるが、スラローム射撃はできない。

右旋回の場面では、左側のサスペンションを大きく沈み込ませ、右側後方を浮き上がらせるような車体姿勢で射撃を行なっている。ところで、畑岡射場での左向きの射撃シーンはあまり見かけないはず。このときは訓練として射距離をできるだけ長く取るべく目一杯後ろからスタートし、総火演なら観客用のシート席となる場所で1発目を射撃したから撮ることができたシーンだ。

20121115

単車戦闘射撃を初披露

敵のレーザー照射を想定した“戦闘射撃”の模様。走行間射撃時に敵のレーザーを受けた10式戦車は発煙弾を発射。熱のシャワーにより対戦車ミサイルのロックオンを外した後、サーマル照準器を使用して煙を通して120㎜砲を射撃した。

第１機甲教育隊には10式戦車が１両しかないため、教育要員の養成と入校した学生教育を行ないながら、同時に自隊の隊員の慣熟も進めなければならない（富士教導団でも教育支援などが立て込んで、自隊訓練や戦術研究の時間が足りないと聞いたことがある）。10式戦車はほとんど毎日使われており、静止状態での取材をお願いしたときには、「ヒトマルが完全に空いているのは、向こう３ヶ月間で３日しかありません」とのことだった。それでも配備から約１年間で、整備工場に“入院”させるような故障はなく、車両の信頼性や耐久性は非常に高いそうだ。

左ページから次のページにかけては、単車による戦闘射撃の模様。単車戦闘射撃とは、戦闘中に敵戦車の測距レーザーや対戦車ミサイルの照準用レーザーを受けた場合を想定した射撃。10式戦車のレーザー検知装置がこれらのレーザーを検知すると、連動して発煙弾が発射される。発煙弾が燃え広がる間はレーザーを乱反射させ、赤外線フレアの効果もあって敵の照準ロックオンを外すことができる。その間に10式戦車はサーマル照準器で敵を補足し、発煙弾の煙を通して射撃するというものだ。

左は前ページのスラローム射撃を終えて定位置に戻り、Ｕターンして再び目標に向かう場面。射場では砲身を標的の方向に向けておく（畑岡射場ではつねに撃ち上げるかたちになるから、少し仰角がかかっている）ので、旋回時の車体姿勢の変化がよく分かる写真になった。砲塔後部が長く突き出しているのが印象的だが、バスケットに乗っているのは安全係。

上は総火演では見られなかった直進中の走行間射撃。大きなファイアボールを見て安全係の身を心配する読者もいらっしゃるようだが、凄まじい音圧はともかく後方には炎や爆風は向かわない（耳栓くらいではたじろぐ凄さではあります）。

下は発煙弾発射の様子。上空には発射された発煙弾が、等間隔できれいに４個ずつ並んでいるが見える。

上２枚は爆発して燃え広がる76㎜発煙弾。これは爆発と同時に発煙が始まり、地逆に面に落ちてからもかなり長い時間炎を上げ続ける。斜めからから見た目測だと、前方約50m、左右も25mずつほどだろうか、１両８発の発煙弾はかなりの広範囲をカバーするのが分かる。

発煙剤の主な成分はマッチや花火などにも使われる赤燐で、74式戦車などの60㎜発煙弾で使用されている黄燐（白燐）の猛毒性に比べるまでもなく無害になっている（ここに関係ないが、以前担当した大日本絵画刊『ヤークトパンター戦車隊』のなかで、アメリカ軍が撃ち込んだ黄燐弾をドイツ戦車兵が無慈悲な非人道兵器だと憤っている部分を思い出した）。

さて、この発煙弾を装填する場面（49ページ）で、担当した隊員が最初は安全クリップの扱いなどに戸惑っている場面が見られた。あとで訓練幹部に聞くと、その隊員にとってもこのときが初めての発煙弾発射だったそうで、多くの隊員が機能のすべてを使いこなすには長い時間（訓練用の砲弾などの経費も）がかかるのだと感じた。

下は広がった煙を通して火を吐く120㎜戦車砲。シャッターのタイミングが少し遅れ、発砲焔が煙に溶け込んだような画像となった。

茨城県の阿見町に所在する陸上自衛隊武器学校は、試作車・量産車ともに最初に10式戦車が配備された場所のひとつ。量産車は2012年春に配備されたが、一般にとっては同年10月の開設記念行事が初めて量産車を見る機会となった。

20121014

陸上自衛隊武器学校・土浦駐屯地開設60周年記念行事

95-4609
武校

95-4609
武校

陸上自衛隊武器学校は陸上自衛隊が保有する小火器から、火砲や各種ミサイル、ジープやトラックなどの車両、装甲車や戦車、自走砲までの各種装備品の整備を担当するメカニックを養成するのを任務のひとつとする。不発弾処理のスペシャリストの養成、戦闘部隊の後方支援に当たる兵站部隊の指揮官や幕僚に対する教育も行なっている。それらの教育訓練や調査研究を支援する実働部隊として武器教導隊が置かれている。

教材として陸自のあらゆる装備を保有しており、新しい装備が採用されれば、同時に整備が必要になるため、10 式戦車も戦車教導隊や第 1 機甲教育隊と並んで最初に配備されている。

駐屯地記念行事では、ここでの一般初公開となる 10 式戦車が登場、仮設敵の 90 式戦車を撃破するようなシーンを見せた。この種の模擬戦での戦車は連装銃を撃つのが通例だが、ここでは環型照準器を付けた重機関銃の空包射撃を行なったのが目を引いた。また演習場を走り回るわけではないので、新車の状態をそのまま保っているのも印象的だった。

20120821
平成24年度 富士総合火力演習 （練成訓練）

東富士演習場で行なわれた平成24年度富士総合火力演習では、陸海空3自衛隊の統合作戦としてP-3C哨戒機とF-2戦闘機、88式地対艦誘導弾の連携が展示されたほか、10式戦車が初登場。スラローム射撃と後退行進射撃を初めて公開した。

富士総合火力演習のこの場面に登場した10式戦車は1個小隊4両。まず"警戒・監視に任ずる組"の2両が稜線の手前に陣地占領し、車長潜（車長用視察照準装置）だけを稜線上に出して敵戦車の発見に努める。敵戦車を発見すると、車両間ネットワークシステムを使って、もう一方の"射撃に任ずる組"に位置情報を伝える。射撃担当の10式戦車のディスプレーには、こうして射撃区域に達する前からすでに敵戦車の位置が捉えられていることになった。

会場左手から進入した10式戦車は、観覧席の前で自動装填装置により砲弾を装填（ここで砲塔上の旗が緑から赤に変わり装填状態が示される）、そのまま右方向に直進する。土塊を巻き上げながら左にターンすると同時に120mm砲を射撃。走り続けて左手に戻ってくると、こんどは右に急旋回しながらもう1発を射撃した。いわゆるスラローム射撃が公衆の面前で初公開されたのである。

20120821

射撃後に右旋回を終えて会場中央付近に進むと、10式戦車はさらに左へ回頭して広場の奥へ奥へと遠ざかった。草地との境界付近に達すると、こんどはギアをバックに切り替え全力で後退を始める。スピードが乗ってきたところで、駄目押しのように3発目を射撃した。これは後退行進射撃と呼ばれる。右ページは観覧席の前まで戻り、退場する場面。

10式戦車は油圧ポンプ式モーターと従来型の3段変速機の組み合わせからなる“油圧機械式”の自動変速機を備えている。この油圧モーターは、リボルバー式拳銃のように円周上に並んだシリンダーが、その前に置かれた斜板を順番に押すことで回転力を得る構造になっている。斜板の角度を変えることで無段階に回転数をコントロールすることができ、傾きを反対にして逆回転させるのも可能だ。このため、後退時の最高曹度は前進と同じ時速70kmと発表されている。

20120818
平成24年度 富士総合火力演習（練成訓練）

平成24年度富士総合火力演習の一般公開は8月26日。演習実施部隊はそれに向けて約2週間前から綿密な訓練を行なっている。このページの取材日は実弾射撃を行なわず、各部隊や車両の動きを確認、調整する"ノーファイア"の設定だった。

前ページとは打って変わって悪条件下での10式戦車である。富士総合火力演習は演習部隊の編成完結式が挙行されてから、最終日の公開演習まで約2週間、事前の準備はそれ以前から行なわれている大規模な演習だ。参加部隊は演習場の各所に部隊ごとに宿営地を設営し、全期間ではないもののテントで寝起きしながら練成訓練を続ける。最初は部隊ごとの訓練に始まり、次第にシナリオに沿って動きを調整する。通し稽古、総合リハーサルと進むのは演劇の舞台などと共通している。"ノーファイア"は、本番と同じ構成で実演するが、実弾射撃だけは省略する日のことだ。

総火演は期間が長いうえに場所柄もあって雨は避けて通れない。このページの10式戦車は、天候による車体色調の見え方の差をはじめ、悪路を走って巻き上げた泥水が乾いた跡や、新たに泥水が流れた跡などハードな表情を見せている。

20120805

小山町政100周年記念 “ハンドレッドフェスティバル”

陸上自衛隊富士学校が所在する静岡県駿東郡小山町が町政100周年を迎え、記念行事の一環として警察や消防、建設関係などの“働くクルマ”による祝賀パレードが行なわれた。富士学校機甲科部の10式戦車もこれに参加、公道を走行した。

◎写真／岩本富士雄

陸上自衛隊富士学校は、利用する高速道路のインターチェンジや実質的な最寄り駅の名前がともに“御殿場”のため、しばしば静岡県御殿場市に立地すると誤解されている。実際はサーキットの富士スピードウェイと同じく静岡県駿東郡小山町（すんとうぐんおやまちょう）にある。ここは早くからフィルムコミッション活動が盛んなところでもあり、映画やドラマなどさまざまな有名作品の撮影地ともなっている。

その小山町が町制100周年を迎え、記念パレードが行なわれた際に、96式装輪装甲車や87式偵察警戒車などとともに、富士学校機甲科部の10式戦車が参加した（砲身の塗装に注意して見てほしい）。場所によっては前後の車両が詰まったイベントらしい光景が見られたのだが、写真はたまたま1両だけになった場面を捉えており、最新戦車とのどかな公道の組み合わせと相まって、なんとも不思議な雰囲気が感じられないだろうか。

20120708
陸上自衛隊富士学校・富士駐屯地開設58周年記念行事

10式戦車の量産車が報道公開されて約半年。それまでは単車での公開だったが、ついに10式が“部隊”として一般に公開される瞬間が訪れた。しかし戦車教導隊の行進と同時に大粒の雨が降り出し、10式戦車の中隊は雨中のお披露目となった。

©写真／本田圭吾（インタニヤ）

2011年の末から'12年3月にかけて、4つの部隊・部署に配備された10式戦車の初年度の量産車は、その多くが富士教導団戦車教導隊第1中隊にまとめて配備された。そしてこの日の駐屯地記念行事では、初めて一般に10式戦車が"部隊"としてお披露目されることになった。

観閲行進を締めくくる戦車教導隊のパレードでは、戦車教導隊の隊長車として、戦車のシルエットと富士山を組み合わせた戦車教導隊のスペシャルマーキングを施した10式戦車が登場。両脇に第2中隊と第3中隊の90式戦車を従えて先頭を行進することで、戦車教導隊の新しい顔をアピールした。その後方には第1中隊の5両が続き、以前から10式戦車を使っていたような堂々の行進を見せた。というのは会場への部隊入場を兼ねた行事予行での話。本番ではまるで10式戦車のスタートに合わせて打ち合わせたかのように土砂降りの雨となってしまった。

ただ、模擬戦では周囲が暗かったことも幸いして、新開発の『10式120㎜戦車砲用空包』が発するジェットエンジンの排気炎のようなマズルフラッシュを明瞭に捉えることができた。

©写真　本田圭吾（インタニヤ）

20120706

陸上自衛隊富士学校・富士駐屯地開設58周年記念行事(予行)

富士教導団戦車教導隊の第1中隊は約10両といわれる数の10式戦車を配備され、それまでの74式戦車から装備を更新した。そのうち記念行事の観閲行進には6両、模擬戦闘訓練にも2両の10式が参加し、戦車部隊としての行動を展示した。

梅雨真っ盛りの時期に行なわれる富士学校・富士駐屯地の開設記念行事は雨になる確率がかなり高く、予行日にも出かけることが多い。初めて複数の10式戦車が見られるような場合は尚更で、この日も多数の報道関係や専門誌、模型メーカーなどが集まった。

写真は式典を前に、グラウンドに整列するために入場を始めた戦車教導隊（戦教隊）。左は車長席に戦教隊副隊長の林2佐を乗せて隊長車を務める10式戦車。車体前部の表記のとおり第1中隊の車両だが、これは隊本部には固有の戦車が装備されないため。砲塔には戦教隊のマークが表示されている。戦教隊は1個中隊が削減されて4個中隊編成となったが、連隊に準ずる部隊として白線3本の隊旗となっている。

右は隊長車に続く第1中隊。似たようなカットでも、10式戦車はちょっとしたアングルの違いや車体姿勢の変化でシルエットが異なって見える戦車だと思う。

95-5076
戦教-1

95-5332
戦教-1

グラウンドを大きく回り込んで整列する第1中隊。左の写真は、それまでの展示では格納位置にあった砲手潜（砲手用潜望鏡）のフードが前方に延ばされているのが確認できる1枚。これは可動式と見えて実際は位置選択式というべきもので、事前の準備を含めると動かすのは意外と手間がかかる。ただ北海道の90式戦車が部隊による創意工夫（手作り）のフードを追加しているのを見ると、使用者の要望をきちんと受けて付けられた付属品なのだと思える。

右の写真。後方から見ると、90式戦車よりも19㎝狭いという全幅のデータ以上に車体がコンパクトな印象を受ける。砲塔バスケットの左側に追加される延長部が未装着なので尚更その感が強い。これは余裕のない車内容積を補う（重機関銃の弾薬箱が入る）のはもちろんだが、見た目の左右アンバランスを解消する目的も小さくないらしい。

滝ヶ原駐屯地の創立記念行事に戦教隊第1中隊の10式戦車が展示された。

富士教導団普通科教導連隊が所在する滝ヶ原駐屯地には、同じ富士教導団の隷下部隊である部隊訓練評価隊（FTC）の評価支援隊が所在する。その戦車中隊には“赤い星を抱いたドラゴン”のマークで知られる74式戦車が装備されている。つまり同じ駐屯地内に目を引く戦車があり、ここを含めて3ヵ所にしかない89式装甲戦闘車をもつ（おまけにアメリカ海兵隊まで参加する）滝ヶ原駐屯地は、これまで記念行事に隣の駐屯地に戦車の支援を要請する必要がなかったのだ。さすが10式戦車の威力というべきだろうか。

当日は観閲行進に参加することはなく、装備品展示会場に置かれているだけだった。だが敷地に高低差があるため、砲塔本体やモジュール装甲の分割、砲塔後部のブローオフパネルの配置など、それまで見られなかった上面を遠望することができたのだった。

上は展示が終わって富士駐屯地に戻るところ。10式戦車はデザイン上か、表面仕上げの差か、塗装法か理由はわからないが、どうも射光線による反射が強いように感じる。模型を塗装するときには、ツヤを抑えすぎないほうが実物らしく見えるかもしれない。

富士教導団の隷下部隊である普通科教導連隊が所在する滝ヶ原駐屯地の創立記念行事に戦車教導隊の10式戦車が展示され注目を集めた。行事終了後には、一般に割り当てられた駐車場を通って富士駐屯地に帰る10式戦車の姿も見られた。

20120408
陸上自衛隊 滝ヶ原駐屯地 創立38周年記念行事

20120401

陸上自衛隊駒門駐屯地
創立52周年記念行事

第１機甲教育隊のホームである駒門駐屯地の創立記念行事に、同隊に配備されて間もない10式戦車が参加して話題を独占した。観閲行進のほか模擬戦闘訓練では新型の10式空包を射撃し、また午後も機能展示のため動き続けたのである。

「これまでの例だと、10式戦車が初めて一般公開されるのは、早くて７月の富士学校祭だろうな」という半可通の予想を３ヶ月も前倒しし、受け取って間もない10式戦車をいち早く公開したのは駒門駐屯地だった。この日は一般の観客として会場にいたのだが人出が尋常でなく、撮影ポジションを確保するのも困難な状況。不貞腐れて帰ろうかと思ったほどだ（ヒトマルの注目度恐るべしである）。ところが中隊長車として参列した観閲行進、『10式120㎜戦車砲用空包』を初披露した模擬戦はまあ通例どおりとして、その後の装備品展示が豪快なので驚いてしまった。第１機甲教育隊が装備する４種の戦車を１列に並べ、一斉に超信地旋回や姿勢変換を見せる機能展示を終了時間まで定期的に続けたのだ。１機甲の企画力こそ恐るべしなのだった。

写真左下は１機甲第２中隊の隊長車として会場に進入する10式戦車。ほかの４点は写真講座のようだが、ほぼ同じ場所で撮っても、１～２歩動くか、腰を落とすか焦点距離をちょっと変えるだけでこれだけ違うという例。左下は105㎜相当で約10mなのでやや重厚。ほかは28㎜相当で５～６mからで、こちらは本物より幅が広くて背が低く、スマートな印象に写っている。

20120401　30分ごとに行なわれた機能展示の一例

この見開きページは、記念式典の終了後に駐屯地開放時間の終了間際まで行なわれていた機能展示の模様。

駒門駐屯地には国際活動教育隊が所在し、装備品展示会場には国際活動教育隊仕様の軽装甲機動車（銃座への防弾板ほかを追加）や96式装輪装甲車が並べられ、また福島第1原子力発電所に派遣されたのと同型のドーザー付き74式戦車も展示された。

一方、第1機甲教育隊（1機甲）は10式戦車を配備されたほか、以前は戦車教導隊に配備されていた74式戦車（改）4両を管理換え（移管）されて受け取ることになった。これで1機甲は従来からの90式戦車や74式戦車と合わせて、陸上自衛隊が保有する4種類の戦車すべてを揃えた部隊となった。1機甲はこの4種類の戦車を活かし、装備品展示会場とは別に、グラウンドで戦車の機能展示を行なった。4両の戦車を1列に並べ、砲塔や車体の旋回、前後左右高低の姿勢制御などの同じ動作を全車が同時に行なうデモンストレーションをみせたのだ。

ここでは車体と砲塔を旋回する様子を再構成して連続的になるようにレイアウトしてみた。このようなシーンは、正面なり真横に陣取って、きちんと3脚に据えたカメラの焦点距離を固定して撮りたいところだが、実際は隙間なく戦車を取り囲んだ人たちとほとんど押し合いながら撮っている。笑って見てほしい。

順番は上段左から右へ、1段下がって左から右へという流れ。

まず車体・砲塔とも正面（画面だと左）を向いた状態から、砲塔を前に向けたまま車体を左に超信地旋回（左右の履帯を逆転）させる場面（1段目から2段目左端）。車体の旋回軸と砲塔のそれは必ず

しも一致しないので、砲塔の旋回軸が弧を描くような面白い動きとなる。

車体が横を向いたところで、こんどは砲塔を左に旋回させる様子（2段目右まで）。旋回した地面の周囲に土が盛り上がり、クレーターのような状態になっていて、掘られた地面が赤茶色なのが興味深い。また左右の履帯を逆転させるとはいっても、独楽のようにその場で一回転するものではないようだ（レオパルト2のプロモーションビデオでも、舗装上を360度旋回してみせたら、動く前と1m以上もセンターがずれていた）。

3段目はさらに砲塔を左に振った状態から、車体を正面に戻す動き。レンズのせいで強調されているきらいはあるが、普通に走っているときの旋回と同じように、曲がろうとする側の車体前部が持ち上がろうとする（反対側が沈み込む）ような動きを見せている。

最下段は砲塔を正面に戻す動き。砲塔を真横に向けると、長さに比べると驚くほど幅が狭く、旋回中心がかなり前寄りにあるのが分かる。

このときは車体の首尾線と砲塔を正面に向けたときの基準点（熱源？）が10度ほどずれていたらしく、いったん旋回が止まったあとに、修正するような動きが加わっていた。また10式戦車の動きが軽快なのは分かったものの、4両の戦車の縦列は50～60mもの長さになって、4両を一度に視界に捉えるのは困難。できれば各車の動きを比較して見たいと思わせる、なんとも興味深い展示だった。

20120110
富士学校機甲科部「10式戦車入魂式」を報道公開

2012年が明けたばかりの1月10日、陸上自衛隊富士学校機甲科部が10式戦車“量産初号車”を受領したのにともない、「10式戦車入魂式行事」が報道公開された。式典会場となった機甲科部第2装軌車実習場には、富士学校長をはじめとする学校幹部や富士教導団など各部隊の長、三菱重工業特殊車両事業部長ほかメーカー関係者などが臨席。それを見守る報道関係は33社67名におよんだ。

学校側のリリースによると、入魂式の目的は「陸上防衛力の根幹としての任務完遂を祈念して機甲の魂を注入するとともに、10式戦車の早期戦力化および安全を祈念することにある」とされ、部内式典の後、小さな空白を残して描き込まれていた砲塔マークに最後のひと筆を注す“入魂”とテープカットが行なわれた。写真左上は、画面右から開発実験団長、機甲科部長、学校長、副校長、教導団長。“機甲の魂”を注入するのは川島昌之・機甲科部長（砲塔の反対側は山本 洋・富士学校長が担当した）。

陸上自衛隊富士学校の機甲科部が2011年末に10式戦車の量産初号車を受領し、新年早々に「10式戦車入魂式」を行なった。式典は新しい装備と部隊の安全を祈願した後、マークに最後のひと筆を加えることで戦車に“機甲魂”を注入した。

テープカットとマーク記入

陸自戦車乗員 最新スタイル

装甲車両乗員の服装や装備も日々進化している。ことにヘルメット（装甲帽）は新しい装甲車両の導入とともに更新されることが多く、10式戦車も例外ではなかった。ここでは第１機甲教育隊の協力により乗員の最新スタイルをご紹介しよう。

協力・監修／陸上自衛隊第１機甲教育隊

モデル
松長ゆり子
着ているのは全部自衛隊のホンモノ。いろんなパターンをご紹介します。

10式戦車用の新型装甲帽

10式戦車の乗員は、帽体は90式戦車用と共通ながら、イヤーカップ（レシーバー）部から伸びる細いマイクに丸いスポンジの風避けが付いた新型の装甲帽（戦車帽）を着用。反対側のカップには車内通話と無線の切り替えスイッチが付属する。左右のカップはコードで結ばれており、マイク位置が右か左かの違いによる２タイプが確認できる。

10式戦車の砲手・操縦手

戦車服装（戦闘服装甲用）を着用した砲手と操縦手の例。砲手と操縦手は89式小銃を携行するので、弾帯と弾帯用吊りバンド（サスペンダー）を着け、弾帯には小銃用の弾入れ（予備弾倉入れ）も装着している。完全武装での演習では、これに銃剣や水筒、防毒マスクなども加わるので、戦車を降りて鉄帽を被ると、普通科の小銃手と見分けがつかない状態になる。

砲手・操縦手の携行火器

戦車の乗員は敵の狙撃手にとって優先目標なので、戦車を降りたら乗員だと悟られないようにする、というのはさておき、わざわざ隊員に指導を受けて小銃を構えてもらったのは、この小銃はムクの硬質ゴムでできた訓練用の小銃だから。本来の携行火器は折りたたみ銃床のタイプだ。

10式戦車の車長

戦闘服2型を着用し、レッグホルスタ（ハードタイプ）に9㎜拳銃（SIG P220の国産版）を携行した10式戦車の車長の一例。弾帯には拳銃用の弾入れと救急品袋を装着している。拳銃もゴム製の訓練用である。最新スタイルとタイトルを付けながら、下襟の切り欠きがなくなり袖口など各所に面ファスナーが採用されて機能性が向上した戦闘服3型ではないのは、現実には女性の戦車乗員は存在しないため。

新型の乗員用ブーツ “戦闘靴2型（装甲用）”

装甲車両乗員用の戦闘靴であり、装甲靴とも通称される“戦闘靴2型（装甲用）”が登場、2013年春頃から配備が進んでいる。砲塔が旋回したときに、砲塔バスケットと内部機器に足が挟まれた場合などに、素早く足が引き抜けるように工夫されたもので、大型の面ファスナー（ベルクロ）が付いたベルト2本で素早く履き口が広げられるようになっている。

旧型の装甲靴は公式行事など以外ではあまり見かけず、訓練などでは編み上げの戦闘靴を履いている乗員が多く目についた。しかし新型は防水・透湿性があって、軽くて履き心地もよいと評判も上々。実際に着用率も高いようだ。

松長ゆり子の機甲科スタイル

プロフィール：
Matsunaga Yuriko
静岡県 小山町出身
女優、モデル

地元のフィルムコミッションの撮影に参加したのが本格的に芸能界を志すきっかけ。現在は日本舞踊に挑戦中。
主な出演作はドラマ『モンスターズ』『GTO』『家政婦のミタ』。バラエティー『ゴッドタン』『ジェネレーション天国』など。大正製薬、モバゲー、日清などのCM、カメラ雑誌『CAPA』や美容本のモデルとしても活動中。
所属：グリーンメディア
ブログ：http;//ameblo.jp/liiingo/

演習場で見た乗員スタイル

このページでは演習取材などで撮影した写真で隊員の服装の実際を見てゆきたい。服装統制により全員が同じ服装を整える式典や公式行事と異なり、演習の現場では雨衣や防寒衣などの組み合わせでさまざまな変化が見られるのが興味深い。

防寒戦闘服（装甲用）を着用

秋冬向けの茶系迷彩が施された防寒外被を直用した乗員の一例。教育部隊なのでニーパッドを着用（数種のタイプが確認できる）し、鉄帽に載せたゴーグルには迷彩カバーを被せ、襟元にはフリース素材のネックウォーマーを巻くなど、冬場の訓練時の典型例といえるかもしれない。モデルは１機甲第２中隊の武田３曹。

１機甲独自の“駒門スタイル”

１機甲は訓練でニーパッドを着用するが、そのほかに取材時の教育隊長だった南１佐の発案により、戦闘服の上衣の裾をズボンに入れて、ツナギのように見せた独特のスタイルを採用していた。実際に部隊側からツナギ服の採用を働きかける動きもあったらしい。白帽は観的係の飯田１曹。

戦闘服（装甲用）の機能

戦闘服（装甲用）の目立つ特徴として、肩から後ろ襟にかけての丈夫なストラップがある。これは自力で動けない乗員をハッチから引き上げるための把手で、上衣の内側にはズボンのベルトを通すループが付属する。また腰回りの余裕を調節するのにドローコードを内蔵するなど、物に引っかからないための配慮が随所に施されている。

新型のレーザーゴーグルが普及

戦車乗員は敵戦車の測距用や対戦車ミサイル照準用のレーザー光を受ける危険が高く、それに備えた“レーザーゴーグル”の普及が進んでいる。左の1機甲第2中隊長 板嶋1尉は米軍仕様のサングラスタイプを着用。射撃係（赤いカバー）の眞鍋2尉は眼鏡の上からかけられるのを実演してくれた。上の古賀2曹はダブルで直用している。

戦車直接支援隊員のワッペン

写真は整備支援のため射撃訓練に随伴していた第105全般支援大隊整備中隊の松本3曹の腕に貼られたワッペンには10式戦車のシルエットが。“戦車砲と射撃統制装置の整備プロフェッショナル”との文字が添えられていた。

新型の“装甲手袋”が登場

装甲手袋の新型が登場した。上の写真の旧型は手首を覆う部分がOD色だが、新型は迷彩になった（普段は手袋は各自の好みに合った私物を使用していることが多い）。上の写真の10式戦車の乗員のゴーグルは、フレームがやや丸みを帯びている。タミヤの10式戦車のフィギュアはこのタイプを再現したのだろう。

90式戦車の装甲帽（参考）

10式戦車の装甲帽のマイクや戦闘服の襟の形状の違いを前掲の写真と比較してもらうために、北海道から富士総合火力演習に参加していた第11戦車大隊第1中隊の鉚持2曹の写真を掲載。

演習場で待機する衛生隊員

訓練中における万が一の怪我や体調不良に備えつつ、OP（観測所）の側で1機甲の射撃訓練を見守る内藤2曹。衛生陸曹といっても、赤十字の腕章以外は戦車乗りのスタイルとなにも変わらない。

10式戦車のバリエーション

11式装軌車回収車が初公開

駒門駐屯地創立53周年記念行事において、10式戦車と車台を共通化した、いわゆる戦車回収車タイプである"11（ヒトヒト）式装軌車回収車"が初公開され、観閲行進するとともに展示が行なわれた。写真はそれに先立つ予行日に撮影したもの。

10式戦車の試作車にはドーザー付きや地雷原処理ローラの連結基部が付いた仕様が含まれていた。ところが量産車では第2期調達でもそのような派生型は要求されなかった。ここでご紹介する“11(ヒトヒト)式装軌車回収車”は、10式戦車のバリエーションとしては現在唯一で、しかもたった1両しかない。

2013年4月7日に行なわれた駒門駐屯地創立53周年記念行事には、3月に完成し第1師団 第1後方支援連隊 第2整備大隊 戦車直接支援隊に配備されたばかりの11式装軌車回収車が参加、観閲行進を行なうとともに特別展示されている。

同車は10式戦車の車体(というよりエンジンや足まわりなどの基本コンポーネント)を共用する派生型で、これまでは「戦車回収車」と呼ばれていた車種。しかし現有の78式戦車回収車の損耗更新用として、8輪式の重装輪回収車では牽引・回収ができない各種装甲車両(89式装甲戦闘車や99式自走155㎜榴弾砲など)の支援にも当たるようになるのを見越して「装軌車回収車」の名称に変更された。

タイトル写真以外は、戦車直接支援隊長の計らいで、4月5日に駒門駐屯地の整備工場前で撮影したもの。光線状態のよい向きに車体を動かし、クレーンを作動させるなどの配慮をいただいた。

95-8085

1後支
2整戦

95-8085

95-8085

95-8085

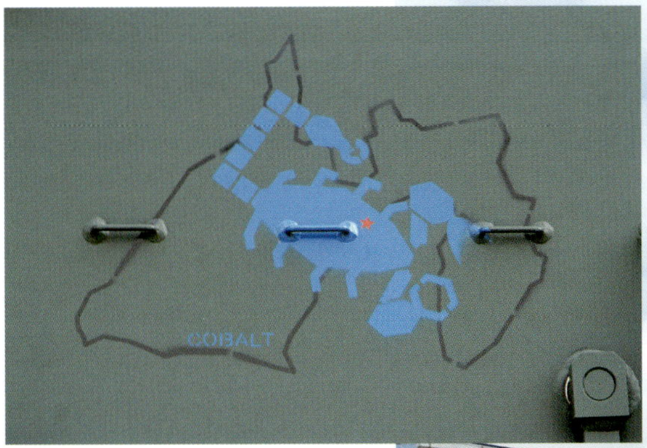

11式装軌車回収車はエンジンデッキに搭載するトウバーやワイヤによる故障車両の直接牽引、ウィンチによる回収のほか、戦車の砲塔の吊り外しやエンジン交換など装軌式車両の屋外整備(陸自では"野整備"と称する)支援には欠かせない車両だ。全体の構成は90式戦車回収車に準じていて、両車を並べて見ないと気づかないほど印象は似ている、

車体後部両脇にアウトリガー(車体ジャッキ)を備え、後部バスケットの下側には大きなジャッキ台を携行する点が異なる。一方、車体前部にレーザー検知装置、前後には操縦手用カメラ(熱線映像装置)や周囲確認装置(バックモニター用カメラ)を装備し、車長ハッチと重機関銃用銃架を共用するなど、各所に10式戦車の姉妹車であることを示す装備を見て取ることができる。

諸元は全備重量約44.4t、全長9.1m、全幅3.4m、全高2.6mで、牽引能力45t以上、吊り上げ能力23t以上、最高速度70km/h以上と発表されている。略称は"11CVR"(クローラー・ヴィークル・リカバリー)。クレーンの操作はコントロールボックスでリモコン操作が可能で(写真左上)、本車が2両あれば10式戦車をその場で吊り上げる能力がある(ブームを伸ばす長さや立ち上げ角度によって数値は変わる)。

戦闘室ドアとブームには静岡県のシルエットに機械のサソリをあしらった部隊マークが描かれている。

10式戦車のディテール

10式戦車は従来にない装備が多数加わったうえ、構成部材が非常に細かく分割されている。シンプルなウェッジ状のアウトラインとは裏腹に、細部を見れば見るほど凝ったデザインが施されている。以下は各部分ごとに細部を紹介したい。

車長席と重機関銃用銃架

車長ハッチの周辺は、これまで砲塔の中央に重機関銃を搭載してきた陸自の戦車としては、ある意味でもっとも大きく変わった部分かもしれない。

ハッチの周囲に太いパイプ状の旋回用レールが設けられ、12.7㎜重機関銃用の銃架は4組のローラーによって自在に設置位置を選べるようになっている。これは建物の上階などからの攻撃に対処することが重視された結果だという。銃架基部の両端にあるレバーを引き起こしている間は旋回がフリーになるが、通常時は車長用潜望鏡の視界を銃架が遮らない位置にセットされていることが多い。

車長ハッチのほうは、開放時にハッチを保持する安全チェーンが前後2ヶ所にあるため、前開きで使う部隊と後ろ開きで使う部隊に分かれる。もちろん訓練やパレードなどの状況にもよるのだが、観察した限りでは駒門の“1機甲”と“1戦車”は前開き（銃架は左斜め後方）、富士の“戦教隊”は後ろ開きの（銃架は左側の前寄り）の傾向があるように思える。ハッチの基部は、ノブを引き上げることでロックが解けて旋回がフリーになる。旋回は軽いが、それなりの重量はあるため片手でくるくる回せるようなものではない。ハッチのヒンジには、ロシア戦車のようにハッチを垂直に立てて固定するノッチも設けられている。

車長ハッチの旋回要領

銃架の旋回と射撃要領

砲塔上面とブローオフパネル

砲塔後部の上面は、車長用潜望鏡の有無を除けば90式戦車と大きな差はない。上面板全体を固定している太いボルトと、いざとなれば吹き飛ぶブローオフパネルを留めている細いボルトの対比が顕著だ。ちなみに各ボルトの塗装は、点検・整備などで取り外したり締め込んだりするたびに剥がれてしまう。この戦車は配備から約1年にして金属地肌になってしまったボルトの割合が高い。

車長席の旋回レールや収納庫の開閉レバーなど、手で触ったり腰掛けたりする部分も同様に塗装が擦れたり剥げたりしており、旋回用レールは普段からつねに触るので光沢が出ている部分と、銃架の下になっているために赤錆が発生した部分の差が大きい（前ページの写真を参照）。

砲塔の中央部は、120㎜砲が砲を下げたときに砲尾がぶつからないように、中央部だけが盛り上がっている。砲塔のシルエットを低く保ちながら俯角を確保する工夫だ。防盾カバーと砲塔前端が接する部分には、砲身の俯仰に連動する金属製のフラップが付属している（90式戦車ではゴム板だった）。

エンジンデッキほか車体上面

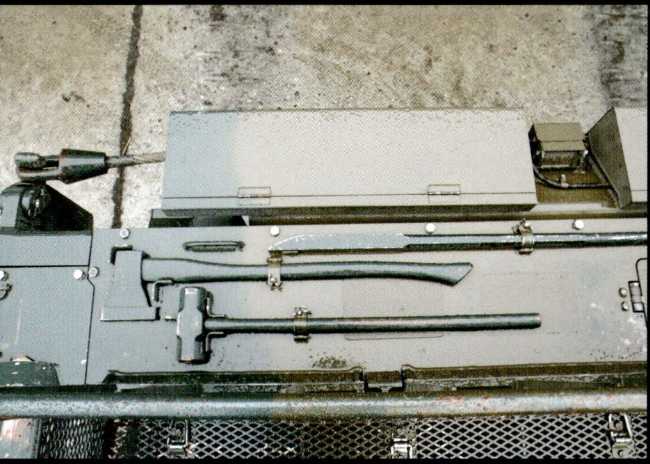

車体後部のエンジンデッキは複雑なパネル分割はあるものの、シンプルでフラット。砲塔を横に向けてもらうと、その広さに驚く。ラジエターグリルを覆うメッシュは、編み目が分からないほど目の細かいものが使われている。塗装が荒く見えるのは降り出した雨のせいだ。デッキの上は乗員が歩く機会が少ないため、ほかの部分よりも傷みは少ない。ショベルの塗色は濃緑色だが、先端は塗料が剥げて錆が出ている。柄の塗料も剥がれて、かなりの部分が木の地肌となっている。車体前部の右側は塗料の擦れが目立ち、乗降の回数が多いのがよく分かる。ほんの少しでも段差があると、そこから塗料が剥げてくるのだろう。

リアバスケットの詳細

砲塔のリアバスケットは大きい。メッシュ（正確には網ではなく菱形に穴開け加工された金属板）はの目は細かく、底部には荷物固定用のバンジーフックが取付けられている。バスケットの左側（画面では右側）には12.7㎜銃機関銃の弾薬箱がすっぽり収まるラックが増設されている。120㎜砲弾の格納は、2分割されたこの増設ラックを外し、リアバスケットの一部を横に開く必要がある。リアバスケットを見上げると、砲塔後部は複雑な構造になっているのが確認できる。

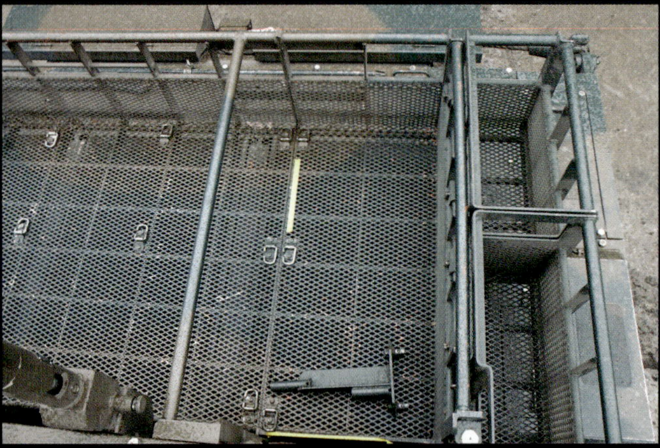

サイドモジュール

10式戦車が取り入れた“外装式モジュール装甲”の概念を体現している部分。砲塔本体を小型化し、ブロック化した装甲を外付けすることで、将来的な装甲の強化や補修を容易にしている。90式戦車は内装式モジュール装甲で、車内の収納部に入らないものは搭載できない。しかし外装式なら現在の外形を気にしなくてもいいわけだ。現状のサイドモジュールは脱着作業を考慮して細分化されている。左側の先端には、雨水を操縦手に垂らさない工夫が見られる。

車長用視察照準装置（車長潜）

砲塔の向きと関係なく360度独立旋回できる視察照準用の装置で、可視光（昼光）用ハイビジョンカメラと中赤外線カメラ（熱線映像装置）を搭載している。砲手が目標を狙う間にこれで別の目標を捉え、射撃後すぐに目標を移管する“ハンターキラー”機能や、砲手の照準中にこちらが捉えた目標を車長が射撃するオーバーライド機能を備えている。熱線映像装置を使った複数目標の自動追尾機能は90式戦車の特長だったが、10式戦車では同時追尾目標の数が90式から格段に増えているそうだ。前面にはレンズ面を保護する防弾板が付属し、よく見ると前面ガラスも敵に反射光を返さないように斜めに捻るように設置されている。

レーザー検知装置

砲塔の四隅に装備され、全周方向からのレーザー光を警戒する。航空攻撃や戦車砲の測距、対戦車ミサイルなどで異なる3種の波長を捉えるといわれ、発煙弾発射機との連動モードでは、検知と同時に発煙弾を発射する。

砲手用視察照準装置（砲手潜）

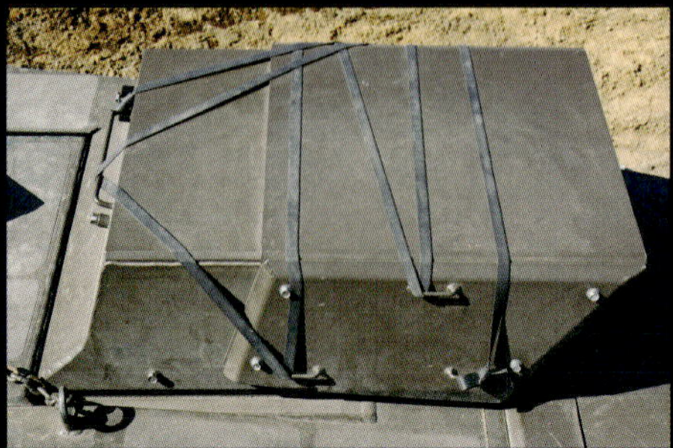

砲手が周囲を視察し120㎜砲や連装銃の照準を行なう装置。本体が旋回しないだけで、機能は車長用視察照準装置（車長潜）に準ずる。斜光線をカットするためのフードは手動で前後に位置を変えることができ、ガラス面保護のための開閉式の小扉も装備している。車長潜と同じく前面ガラスのコーティングによる反射は独特で、そのときの光線状態によって真っ黒から濃いブルー、ラベンダーとさまざまに変化する。

このカメラで捉えた映像は砲手席のモニターに表示され、画面をタッチすることでも目標の選択などができるといわれる。

写真上2点はフードを収納した状態で、下は伸ばした様子。このフードにも偽装用バンドを通すための小さなループが付属している。

操縦手カメラ（熱線映像装置）

車体前面上部の中央に装備されたこの赤外線カメラで捉えた映像は操縦席のモニターに写し出される。試作車では旋回式だったが量産車では固定式に改められた。外装は単なるカバーのようで、レンズ面は1段奥に引っ込んでいる。

周囲確認装置（前方用）

車体前端に装備されているカメラ。戦車の操縦手にとって前方直下の死角は想像以上に大きく、ことに登坂時は空しか見えないほどだという。操縦手は必要なカメラの映像を選んでモニターに映し出し、それを見ながら操縦することができる。

環境センサ

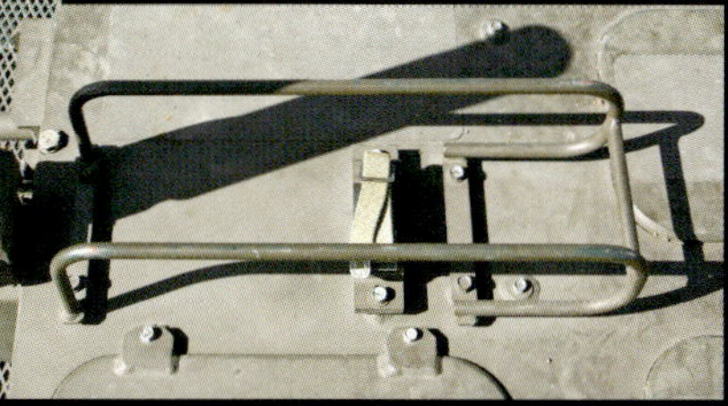

射撃精度の向上のため、風向、風力、気温、気圧を計測し、射撃統制装置（FCS）の補正データとする。90式戦車は風向、風力を計測する横風センサだったが、これは気温、気圧も測る環境センサだ。フランスのタレス製。

周囲確認装置（後方用）

いわゆるバックモニター用のカメラ。もともと戦車の操縦手の視界は狭いが、送受席からは後方はまったく見えない。90式戦車までは、後退時は車長または砲手の音声（インターコム）による指示によった。10式戦車はモニターの映像を見ながらバックできるが、逆にこれがないと後退時の最高速度70㎞/hは活かせない。

車長／砲手ハッチの車内側

円形の車長ハッチには3カ所、前後に開く砲手ハッチには2カ所ずつのロックレバーが付属している。それぞれのハッチの周囲にはゴム製の密閉用シール（パッキン）が埋め込まれている。車長ハッチは平面のハッチに湾曲したカバーが付いた2重構造らしい。

砲手ハッチ

砲手ハッチは前後に分かれて開くが、前側のハッチは内側からロックする仕組み。このハッチはロックピンを引くとヒンジがフリーになり、一定の角度までハッチが開くとまたホルダーにピンが刺さって固定される。

操縦手ハッチ

操縦手ハッチはレオパルト2と同様にスライドして開く。ハッチには3個のペリスコープ（開閉時は接眼部が折り畳まれる）が装備され、正面のものには水平に配置された1本式のワイパーが付き、ハッチ斜め前の柱の後ろには、それぞれウィンドウォッシャー液のノズルが配置されている。開いたハッチは“コ”の字型のホルダーで受けてレバーを締め込み、さらにチェーンをかけて固定する。

車体後部の詳細

車体後部は中央部を大きなラジエターグリルが占め、その両側には排気口、左端に補助動力装置（APUつまり発動発電機）の排気ロカバー（下向きに排気される）が配置され、右端には車内の自動消火装置を手動で作動させるコックがある。車体後端の両側には、側面から狙う敵の熱線映像装置に排気管からの赤外線が明るく写らないようにする目的で、複合材製の遮熱板が取付けられている（富士学校ではこれをゴム板に替えている車両も見られた）。牽引用フックを車両下部に付けているめずらしい例は、トレーラー輸送に備えてのものだ。

“C1” 仕様の履帯

“C2” 仕様の履帯

転輪のディテール

車体前面

起動輪の噛み合わせ

サイドスカートの一例

“C1 ロット”仕様の 10 式戦車の履帯はゴムパッドが装着できる全金属製で、転輪と接する裏側は金属地肌のまま。右側の“C2 ロット”仕様の履帯は裏側にもパッドが追加された。どちらも履帯のセンターガイドは転輪リムに装着されたハードプレートと接触して、磨かれた金属地肌の輝きを放っている。

転輪のリムは、走行時にリムに入った小石や砂に磨かれて塗装がなくなり、サンドブラストにかけたアルミのような色調を見せている。また分解整備したりハードプレートを交換したばかりの転輪は、ボルトが金属色なのですぐに分かる。このボルトはやや黄色がかったメッキを施されたごく普通のものに見える。

転輪の裏側（写真で見えている側）はOD 色（オリーブドラブ）で塗られている。各ハッチの車内側、アンテナのマスト（基部）なども同様なので、模型の製作ではアクセントになるだろう。

10 式戦車の起動輪の歯は、履帯を連結しているエンドコネクタではなく、履板の穴に噛む。

サイドスカートの写真のうち右側のものは、土手にこすったか薮に分け入って樹木に当てたらしく、塗料が剥がれている部分が見られた。スカート後部の写真は履帯が外れかかってスカートを変形させてしまったもの。履帯の軌跡に沿ってスカートにミミズ腫れのような跡をつけている例はめずらしいほどではない。

10式 120㎜戦車砲用空包と 00式 120㎜戦車砲用演習弾

写真左は模擬戦が終わって120㎜砲の空包や重機関銃を卸下する様子。右が10式120㎜戦車砲用空包。実弾を使わない訓練や演習でも、やはり間近にいる隊員が「戦車が弾を撃った」という実感を得ることは大切なのだそうで、それで新たに空包弾が作られたと聞いた。上は弾身が青い00式120㎜砲用演習弾(TP)。

76㎜発煙弾発射機

後方の発煙弾ほど外側に向かって発射されるため、発煙弾発射機の開口部は長円ではなく扇型でもない独特の形状となった。使用時はそれぞれの発射筒のキャップを外して発煙弾を装填する。

12.7㎜重機関銃用環型照準器

機関銃の対空用照準器として現在でもポピュラーな環型照準器。以前“環状照準器”と書いたら訂正が入ったので改めて強調しておく。これは垂れ下がった木の枝などに引っかけると簡単に歪むので、完全な円形のものは少ないとか。

74式車載 7.62㎜機関銃

74式車載機関銃は戦車内に搭載されるため、目にする機会が少ない。戦車の開口部が比較的大きいのが気になっていたのだが、機銃の機関部の根元が円形になっていて、防盾のパイプ状の部分にぴったり嵌まるらしい。

砲口照合ミラーと砲口覆い

砲口照合ミラーは基部が厚く、太いボルトで固定されている。ゴム製の砲口キャップには耳が付く。砲口カバーの文字は“120㎜戦車砲 砲座付き（10式戦車用）砲口覆い”。

陸上自衛隊10式戦車

試作車写真集

後に10式戦車に発展する開発中の試作車は、当初“新戦車”または次期戦車を表す部内呼称の“TK-X”と呼ばれていた。それが防衛省技術研究本部で初めて公開されたのは2008年2月だった。翌’09年はテストの噂だけに終始し、再びメディアの前に姿を現したのは’10年7月の富士学校だった。以後は試作車の写真をまとめてみたい。

20080213 → 20110710

20080213
陸上自衛隊“新戦車“試作車両初めて報道公開

2008年2月13日、神奈川県相模原市の防衛省技術研究本部に特設された報道公開会場に、10式戦車の試作車両が初めて姿を現した。まだヒトマル式となるかは定かではなく、新戦車（試作車）または部内名称のTK-Xと呼ばれていた。

現在の10式戦車となる試作車が初めて報道公開されたのは2008年2月13日、場所は神奈川県相模原市にある防衛省技術研究本部陸上装備研究所に特設された報道公開場だった。この場での名称は単に“新戦車の試作車”で、あまりに素っ気ないので、媒体によっては“次期戦車”を意味する部内呼称の「TK-X」のほうを表記する場合もあった。

いわゆる次期戦車の研究試作は、実質的に90式戦車の配備・運用が始まって間もない1996年に開始された（しばしば誤解されるが、'90年に制式が制定されて予算が付き、それから生産された90式戦車が完成し、初めて部隊に渡って動き出したのは'92年春からだった）。最初にスタートしたのは「将来火砲・弾薬」の開発で、次いで「将来車両装置」として車体の研究試作が続いた。この間、“評価用テストベッド”と呼ばれる技術実証車両や、「将来車両装置」の試作車両、また“試作0号車”とも通称される6脚（転輪6組）の車体などが作られている。

いわゆる全体試作は、これらの試験の結果を受けて、砲塔部と車体部それぞれについて、「試作（その1）」から「試作（その5）」まで、'02年から5段階の進行で行なわれた。'06年からの「試作（その5）」では、細部の仕様や機能が異なる試作車4両が作られ、このうちの試作2号車が初公開されたのだ。

試作2号車は、'08年1月に完成したばかりで、完成から公開までのスピードや見せ方のオープンさには、取材に集まった多数のメディアに半ば驚きをもって迎えられた。これに対して、時代背景や情勢が異なるとはいえ、90式戦車（試作車）の初公開時の写真を見ると、撮影アングルが限定され、ことに車両の後部は建物の壁に密着させてまでガードしている。実際の現場でもかなりの警戒モードで、ピリピリした雰囲気だったという。

報道公開では、紅白幕を張った仮設テントから車体姿勢を低くしたまま左手方向に走り出した新戦車は、Uターン気味に旋回して取材エリアに近づき、やや正面を過ぎて停止した。そこで砲塔を安定させての超信地旋回や車体姿勢制御などのデモンストレーションを行ない、その後で記者会見、質疑応答となった。撮影機材を預けたうえで、ハッチから砲塔内部を見ることもできた。

と振り返ると、外装式モジュラー装甲、“ネットワーク中心戦”対応と謳われた車両間データ通信機能を備えたC4I（指揮・統制・通信・コンピュータ・情報）機能、既存のトレーラーで輸送できることによる戦略機動性の高さなど、数々の新機軸を含む諸元性能・機能に関する情報はほとんどこのときに説明されていて、量産車の解説記事などでもそれがベースになっている。

そのなかで不思議に思うのは量産車が一般公開行事で派手に車体姿勢を変化させながら走行する様子を何度も見せているにも関わらず、いまだにアクティブ式またはセミアクティブ式のサスペンションの搭載を信じている人が少なくないように思われることだ。見せることには制約が少なかった10式戦車も、じつは具体的な数字を含むデータや情報に関しては、現在も非常にガードが固いのだ。

車内で興味深かったのは制御ハンドル。砲手用は両手で操作するタイプなのに対して、車長用は右手で操作するようになっている。各種ボタンをそれぞれのグリップに割り振って配置できる両手ハンドルのほうが直感的な操作がやりやすいとも聞くが、共通化されていないのがおもしろい。また80ページに関連するが、車長は右手で制御ハンドルを握ることから、インターコム／無線のスイッチが左側（マイクが右）にあるほうが車長用の装甲帽として使いやすいとも聞いた。

防衛省技術研究本部
TRDI

技術研究本部

防衛省技術研究本部

20100709
富士学校・富士駐屯地開設56周年記念行事（予行）

“新戦車(試作車)”の初報道公開から2年余り、新戦車は2009年末に『10式戦車』の名称で採用された。翌‘10年7月の富士学校では、開設記念行事に先立って、名称も『10式戦車の試作車』と変わり、迷彩塗装を施された車両を報道公開した。

新戦車（試作車）の報道公開で、開発・試験が順調に進めば、約2年をめどに採用が決まると説明があった。そのとおりに試験は進み、試作車の完成から2年に満たない2009年末に開発は完了、「10式戦車」の名称で採用が決まった。命名の経緯はともかく、90式戦車からちょうど20年の節目となった（61式から74式まで13年、74式から90式までが16年と、間隔もきれいに4年ずつ延びている）。とはいえ、その時点で「10式戦車」はまだ紙の上にしかなく、実車の完成はさらに2年後となるのだった。

10式戦車の名称の由来である'10年の富士学校・富士駐屯地の開設56周年記念行事では、予行日の午後に富士学校機甲科部の試作1号車を報道公開した。それまでテスト中の試作車は一切メディアに捉えられなかったため、これが採用決定により「新戦車（試作車）」から「10式戦車（試作車）」に名称が変わった車両を目にする最初の機会となった。

20100711

富士学校・富士駐屯地開設56周年記念行事

記念行事の観閲行進と模擬戦闘訓練展示の合間に、試作1号車と試作3号車(ドーザー付)が縦隊で登場。ラリーカーを思わせる激しい機動による走行展示を行なった。これが10式戦車(試作車)として初めての一般公開となった。

富士学校・富士駐屯地開設56周年行事の当日、記念式典と模擬戦闘訓練展示の合間に10式戦車（試作車）のデモンストレーションが行なわれた。これまで試作車は報道公開されただけで、一般開放される行事に10式戦車と名のつく車両が参加するのは初めてだった。

富士学校機甲科部には10式戦車の試作1号車と試作3号車が配備されて各種のテストが行なわれた。試作1号車は最初に報道公開された試作2号車とほぼ同様の仕様だが、砲口照合ミラーのガード部や前部フェンダーの方向指示器が載っているいる部分などの細部形状に微妙な違いが認められる。ただし後に土浦駐屯地で見た試作2号車も、報道初公開の時点での仕様とは細部が変わっており、この点はテスト中に順次改良されて形状が変化したのかもしれない。

試作3号車はドーザー付きの仕様で、これは車体前端に垂直の面があってヘッドライトの配置が異なる上、車体底部からドーザーのアームが前に伸びているなど、車体の基本形状が1・2号車とはまったく異なる。また砲塔の外部弾薬格納ハッチが角型で、車長ハッチがスライド（ピボット）開閉式ではなく通常のヒンジ式だったりと、やはり1・2号車とは仕様が異なっている。砲塔に関してはこちらが量産車に近いので、テストの結果からこの仕様がベースとして選ばれたと思われる。

機動展示では、この2両が縦列で入場し、高速で8の字を描き、切り返しを行なうとバックで急カーブを切り、急制動をかけたと思えば並走したりと、さまざまな走行パターンを見せた。その動きは戦車というよりラリー競技のレーシングカーに近く、多数の観客に機動性の高さを見せつけた。同時に油圧機械式自動変速機により車速が変わっても歯切れのいいエンジンのリズムが変化せず、つねに一定回転を保とうとしているのが印象的でもあった。

20101826

富士総合火力演習
装備品展示に参加

富士総合火力演習の昼間演習の後には装備品展示が行なわれるが、展示装備の列に10式戦車(試作3号車)が加わった。このときは富士学校機甲科部の黄色い"AM"マークに代わり、鮮やかなブルーで富士学校のエンブレムが描かれていた。

富士学校の開設記念行事から1ヶ月半が経つと、また10式戦車（試作車）が一般公開されることになった。今度は富士総合火力演習（総火演）の昼間演習終了後に行なわれる装備品展示において試作3号車が置かれたのだ。この年の総火演は、北海道の第7師団第11普通科連隊が支援参加し、重迫撃砲中隊の4両の120MSP(96式自走120㎜迫撃砲)を東富士演習場に持ち込んだ（恐らく北海道を出たのは初めて）こともあって、非常に見どころが多いものとなった。

富士学校の記念行事では「10式戦車(試作車)」として初めて陸自標準の濃緑色と茶色による迷彩塗装と、富士学校機甲科部のマークを披露した。一方、この総火演ではブルー地の富士学校のマークに変わっていたのが目を引いた。富士学校のマークはこれ以外では使われていないはずだ。

【この項の写真2点／鈴崎利治】

陸上自衛隊武器学校には最初に報道公開された試作2号車が整備訓練のための教材として配備されている。記念行事終了後にこの2号車がハンガーから現れ、一般来場者の目の前を自走して装備品展示場所まで移動するという演出が見られた。

20101016

武器学校・土浦駐屯地 開設58周年記念行事

2010年10月16日に行なわれた武器学校・土浦駐屯地開設58周年記念行事にも10式戦車(試作車)が展示された。最初に報道公開された試作2号車は武器学校で整備教材となっていたのだ。

試作車が登場したのは記念式典と模擬戦闘訓練展示の終わった午後からで、まずハンガーから出てきたのは、いまや新たな人気爆発の八九式中戦車。それに写真の試作2号車が続いた。駐屯地の構造上、どちらの戦車も待ち受ける人並みをロープで規制しながら進むしかなく、通過した戦車の後を大勢が付いて歩くさまは、まるでテーマパークのパレードか夏祭りの山車を思わせた(先導の隊員は象使いのようでもある)。

試作車はどの車両も塗装パターンが一様ではなく、左ページの試作3号車と比較すると、土浦の試作2号車は縦縞基調は共通するものの、模様の間隔が狭いようだ。また、先に述べたように初公開から2年半の間にディテールが変化しており、とくに左後部のスカートには明らかな補修の跡も認められた。

20101017
朝霞駐屯地
平成22年度第57回
中央観閲式（予行）

東京都と埼玉県にまたがる朝霞駐屯地（朝霞訓練場）で10月24日に中央観閲式が行なわれ、富士学校から運ばれた10式戦車（試作車）が展示された。車体に接して設置された見学台のおかげで、上面の詳細が初めて明らかになった。

◎この頁の写真／吉田康則

観閲式は３自衛隊が持ち回りで行なっていて、陸上自衛隊が主役となる中央観閲式は、３年ごとに朝霞駐屯地（朝霞訓練場）で実施されている（海自は観艦式、空自は航空観閲式と称する）。ここで行進する車両は既存の塗料を落とし、ときにはプライマーまで剥がして再塗装したものを使う。乗員は泥を持ち込まないよう、靴を脱いで乗降するほど気を遣う。

2010年10月に装備品展示された試作１号車も、テストで酷使を重ねた車両とは思えないまでに修復されていた。通例この展示では、車体全長にわたって設けられたステップに乗って上から戦車を見下ろすことができ、10式戦車（試作車）の上面もここで明らかになった。発煙弾発射機の発射口はただの穴ではなく、スリーブが付属すること（これでは両手保持での装填ができない）、重機関銃の旋回レールに銃架の位置を決めるための多数の穴が貫通することなどが目につく。また、前部のレーザー検知器のすぐ前に見える嵌合部は、砲塔前部の装甲モジュールを結合するためのものだろう。

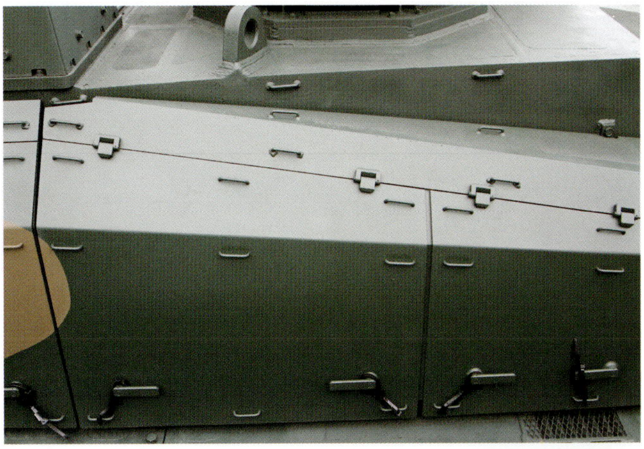

砲塔のサイドモジュールは量産車よりラインがシャープで仕上げもいい。物入れのドアは上ヒンジなので、不慮の閉鎖事故を未然に防ぐために量産車では横開きに改められた。車体側面には付加装甲を取付けることができるようにボルト受けが溶接されているが、これは量産車では採用されなかった。砲塔バスケットのメッシュ（パンチングメタル）床面には荷物を固定するためのフック多数が取付けられている。またエンジンデッキ上の土工具（パイオニアツール）の配置は量産車とはかなり異なり、砲身の洗桿棒（クリーニングロッド）収納ケースもやや背が低い。両側のケースに振り分けて洗桿棒を収めているのだろう。右ページの後面を見ると、全体の配置は量産車もほぼ同じながら、細かく見直されたのが分かる。APU（補助動力装置）の排気口がむき出しで、牽引ロープの取り回しが違うのが目につく。量産車にあるバスケットの増設部分が未装着なので、砲塔左側のサイドモジュールはかなり幅が広いのも分かる。

20110708
富士学校・富士駐屯地 開設57周年 記念行事（予行）

10式戦車（試作車）にとって2度目となった富士学校の記念行事には、試作1号車だけが登場。ところがグラウンドの周囲3か所に発熱板が付属した標的を設置、サーマル（熱線映像）照準装置を使用して120㎜砲を目標にロックオンさせる機能を展示した。

10式戦車（試作車）は、車長用と砲手用にそれぞれハイビジョンカメラと中赤外線のサーマル（熱線映像）カメラを搭載しており、サーマル映像をロックオンし、自動追尾する機能を備えている。それと合わせて、車体と砲塔の傾きを検出するジャイロが装備されているため、車体がどの方向に傾き、砲塔が何時の方向に旋回していようと、視察照準装置に捉えた目標を追い続けて離さない。

富士学校・富士駐屯地開設57周年記念行事の予行では、試作1号車がサーマルで目標を追いながら車体の進路を激しく変えるデモンストレーションを行なった。このため、砲塔を前に向けたままの走行した前年の展示とは異なり、砲塔をさまざまな方向に向けたうえ、車体姿勢が大きく動いた状態の変化のある画像を捉えることができた。そしていま思い返せば、これは後の“スラローム射撃”への予告編でもあったのだ。

20110710

富士学校・富士駐屯地
開設57周年記念行事

この年の記念行事は天候に恵まれた。10式戦車(試作車)は高速で機動しながら、次々と標的を変換する。しかし車体姿勢が激しく動いても、砲口はぴたりと標的を狙い続ける。これは優雅で洗練された踊りにさえ見える滑らかな動きだった。

2011年の富士学校・富士駐屯地開設57周年記念行事は晴れたが必要以上に照りすぎず、写真を撮るにも好条件となった。10式戦車（試作1号車）の機能展示が行なわれた会場の外周3ヵ所には発熱板を貼った標的が設置された。これは市販のエンジン発電機を使って30㎝角ほどの発熱板を熱する仕組みのもので、試作1号車は激しく機動しながらも、代わる代わる目標を切り替えながら追尾し続けてみせた。

そのうち、観覧席の背後に置かれた標的はかなり低い場所に設置されていたため、試作車が会場正面の標的を狙うときには、砲身に俯角がかかることになった。おそらく、標的の近くにいた観覧者にとっては、戦車が自分の前を通過するときだけでなく、車体が前を向こうが後ろを向こうが、つねに自分の頭を狙い続けて動かない砲身の不気味さを堪能できたのではないだろうか。なお地面はかなり湿った状態で、高速機動のさいには太陽に熱された水分が湯気となって地表から立ち上るようなところがあった。水気の多い地表と相まって、いつもと少し雰囲気の違う画像となったのである。

陸上自衛隊第1機甲教育隊に聞く10式戦車

編集　お忙しいところ対応してくださってありがとうございます。本日はよろしくお願いします。

千葉　いいえ、こちらこそよろしく。私ども第1機甲教育隊を通して陸上自衛隊への理解を深めていただいて、なおかつ隊員の士気高揚にも役立つことででしたら、できることは何でもするつもりですよ。

編集　写真集にまとめるときは、微力ではありますけれど両方を盛り込むことができればと思っています。さっそくですが、(駐屯地創立52周年記念行事の)パレードでは観閲行進部隊の指揮官として10式戦車をお使いになったのに驚きました。たいていは1/2tトラック(パジェロ)か、装甲車でも指揮通信車ではないでしょうか。

千葉　戦車部隊の指揮官として、戦車に乗るのが当然と思っただけです。いわゆる"陣頭指揮"精神の発揮です。

編集　そのうえ観閲官に観閲行進の終了を報告されるときに、敬礼と同時に10式戦車に(油気圧式サスペンションを使って)お辞儀をさせました。前代未聞です。

千葉　あはは。あれは最初の予行で戦車を観閲官に向けたら、ちょうど砲身が顔の高さになってしまって。それではマズかろうと前傾させることにしました。

編集　74式や90式戦車でもできることだから、もしかしたら、以後ほかの駐屯地でも流行るかもしれませんね。

千葉　どうでしょうか(笑)。次の機会があるかどうかは未定です。

第24代
第1機甲教育隊長
1等陸佐
千葉 茂(ちば しげる)

昭和35年6月23日岩手県出身
血液型O型。趣味はゴルフとドライブ。部下に対する要望事項は「信頼と真心」
1敢実行 2即実行 3初弾必中

防大(電)27期
第7師団 第73戦車連隊第4中隊勤務を皮切りに、第73戦車連隊第5中隊長、第11偵察隊長などを歴任。前職の北部方面総監部人事部援護業務課長を経て現職。

日本で唯一の機甲教育隊

編集　それでは、まず第1機甲教育隊について教えてください。

千葉　1機甲は、昭和37年8月、新隊員後期教育担当の第106教育大隊に第3陸曹教育隊の機甲科中隊が編合されて創隊されました。機甲科——この職種は戦車部隊と偵察部隊からなりますが、機甲科職種の陸曹・陸士に知識・技能を習得させる教育部隊としては全国で唯一のものです。

編集　61式戦車と同じくらいの歴史がある部隊なんですね。

千葉　本年8月15日には創隊51周年を迎え、この間に送り出された隊員は6万名を大きく超えています。名称は"第1"ですが、現在まで"第2"は作られておりませんので、機甲教育隊といえばここ(駒門駐屯地)だけです。

編集　(車両に描いてある"1機教"ではなくて"1機甲"と略称するんだと思いながら)富士学校にも戦車教導隊という教育部隊があって、よく知られていますが……。

千葉　富士学校は主に小隊長以上の指揮官やその候補者に対して教育を行ないます。それに対して1機甲では、新隊員を含む陸士や、陸曹に基本的な教育を実施するという点が大きく異なります。

編集　陸自に入って機甲科に割り振られた新隊員が、初めて戦車に触る場所が第1機甲教育隊なんですね。

千葉　そのとおりです。戦車教導隊にも自隊教育はありますが、戦教隊は主として富士学校へ入校している指揮官や候補者への教育に対する支援を行ないます。

編集　駐屯地記念式典のパレードを見ていると、1機甲には第1から第5までの中隊があるはずですが、第3中隊と表示した車両が見当たりませんでした。

千葉　1中隊と2中隊が陸士から陸曹へステップアップしようとする候補者の教育中隊、4中隊と5中隊は新隊員の後期教育および陸士の教育中隊となります。現在3中隊はありませんが、将来的に復活させたいという含みから、番号を詰めず空席にしていると聞いています。

編集　戦車教導隊の1個中隊が減ったときは、実質的には74式戦車装備の第3中隊が削減されたのに、名前としては第5中隊が解隊されたのと対照的ですね。

千葉　1機甲は戦車と偵察の基本教育を担任する部隊の性格上、90式戦車と87式偵察警戒車のように、構造や用途がまったく異なる車両を同一中隊内に装備しているのも大きな特徴としています。

編集　74式戦車と90式戦車をもつ戦車大隊でも、普通は混成中隊というのはなくて、それぞれを別の中隊に分けますよね。

千葉　このような編成をとっている部隊は全国でも1機甲だけです。

これからの戦車部隊

編集　10式戦車が登場して注目を集めていますが、戦車定数の削減も伝えられます。

千葉　昨今、機甲科職種は防衛計画の見直しはもちろん、国内外の急激な情勢の変化にともなう変革の波にもまれ、たいへん厳しい状況下にあります。それと同時に、これらの変化は任務の多様化をもたらします。我々は技術の著しい進化とも相まって、いかなる任務にも対応可能な部隊の完全性、さらには即応性の追求も余儀なくされています。

編集　映画などで描かれているような旧態依然の戦車部隊ではいられないと。

千葉　我々機甲科部隊の戦いも現在では大きな進化を求められています。ただ、今日まで陸自OBや諸先輩方によって培われた伝統や機甲科精神をきちんと継承して、それをベースに更なる進化・発展をさせねばなりません。

編集　戦車部隊に限ったことではありませんが、市街地戦闘訓練などへの偏重が指摘され、野戦訓練への回帰も耳にします。

千葉　どれも疎かにできないということです。全国の機甲科部隊の精強化を左右するのは我々教育隊全員の責務ですから、その自覚を強くもって時代の様相や部隊のニーズも正しく把握し、その上で教育訓練の任務にあたることが肝要だと思っています。

編集　ところで、最新技術の結晶である10式戦車の要員訓練が行なわれる同じ部隊で、30年以上の技術的格差のある74式戦車での訓練が同時進行しています。

2013年5月26日、東部方面混成団創立記念行事における千葉隊長。第1機甲教育隊の隊長車として部隊の先頭を行進した96式装輪装甲車の銃手席(画面左側)に立っている。

千葉　まず74式戦車の名誉のために申しますと、74式戦車は93式徹甲弾とそれに対応する射撃統制装置によって攻撃力がアップデートされています。決して開発時の状態で放置されていたわけではありません。

編集　防禦力はともかく攻撃力は進化しているんですね。

千葉　はい。93式徹甲弾は、相手にする可能性があると想定される戦車に対して、砲塔正面にはやや分が悪くとも、車体前面ならば貫徹が可能な性能を有しています。

編集　それって旧東側の7のつく戦車ではなくて……。

千葉　恐らく、いま思い浮かべたのよりも格上の戦車だと思いますよ。

編集　それは頼もしい。いい話を聞けました(やることはきちんとやってたんだ)。

千葉　それから、装備化が予定されている機動戦闘車は装填手を含む4名乗車ですから、装填手の戦闘動作やチームワークの練成といった訓練は74式戦車がなければ不可能です。

編集　まだまだ74式戦車は教習車として役立つわけですね。

千葉　う～ん、教習車ですか。我々にそう呼ぶ発想はなかったなあ。

編集　それでは隊長としての心がけをお願いします。

千葉　創造的精神、チャレンジ精神を随所に発揮すること。教育任務にあたっては真心をもつことでしょうか。今後も隊員一丸となって全国の機甲科部隊に信頼される教育隊を築く所存です。

本当の10式戦車とは

編集　世間での10式戦車に対する反応は、「天下無双のハイパー戦車」という手放しの賞賛と、「主砲は90式戦車と同じで、軽い分防禦に劣る」との酷評に二分されているようです。どちらも誤解に基づくと思いますので、具体的な数値データはともかく、少しでも本質を明らかにできればと思っています。

千葉　10式戦車に関しては、元島3佐が詳しいので聞いてください。実用試験で、試作車を含む戦車中隊を指揮した経験がありますから。

編集　よろしくお願いします。

元島　私は戦車の教範作りにも携わっていて、保全も理解していますから、安心して聞いてください。外部に出て問題になるようことは話しませんから(笑)。

編集　では最初に、重量のことからお願いします。雑誌やネット上の情報では40t、44t、48tと装甲レベルの違う3種類の"状態"が選べると思わせる記述も見かけます。

元島　標準での全備重量が約44tで、最大積載量40tの既存のトレーラーで砲塔と車体を一括輸送するために、モジュール化された装甲の一部を外すことができる。ということです。

編集　駒門駐屯地の装備品展示の説明看板には「質量42,24t」と書いてありました。

元島　全備重量というのは、必要なモノを全部搭載した状態ですよね?

編集　なるほど、砲弾1発が約20kgで、仮に40発積むとすれば800kgですか。搭載燃料もそのくらいの重さになりそうですね。

元島　私は、何も数字は言ってませんよ。

編集　クルマ用語でいう「乾燥重量」だと理解しておきます。

富士学校機甲科部に勤務したさい、普通科小隊、施設小隊、特科前進観測班も参加した増強戦車中隊規模の訓練における教官を務める元島３佐（左端）。

元島　車体に砲塔が載った状態で90式戦車を運ぶには、専用の50t積みの戦車運搬車が必要になります。それができないときは、車体から砲塔を分離して、2両のトレーラーに載せて運ぶ必要がありました。

編集　砲塔を吊るには戦車回収車のような大型のクレーンも必要ですね。

元島　ヒトマルは必要な部分を取り外せば、73式特大型セミトレーラーで運ぶことが可能です。で、その外したモノは別のトレーラーでなしに、3トン半(3 1/2tトラック)の荷台に積めるということです。

編集　隊本部の前に作業機(ユニック)付き大型トラックの新車が停まっていましたね。

元島　砲塔横の“サイドモジュール”は、着脱ができるように分割されていますが、やっぱり部隊の手元にクレーンがないと、という話ですよ。

軽いから弱い？

編集　10式戦車は重量が軽いので、防禦力が90式に劣ると信じている人がいます。

元島　直接防護力に関しては、車体の小型化と技術の進歩もありますから、前面は90式戦車と同等以上の防護力が確保されています。砲塔側面も鋼板の材質がよりよくなっています。

編集　サイドモジュールは、例えただの薄板でできた箱だったとしても、砲塔本体との距離が離れているから成形炸薬弾に対して効果が高そうです。

元島　ご存知と思いますが、外装式モジュール装甲というのは、砲塔本体を小さく作っておいて、その外側に装甲モジュールを付加するというコンセプトです。将来的には、多様な脅威に最適化した付加装甲を作って、用途によって使い分けることもできると思います。

編集　「増加装甲」ではなくて「付加装甲」というんですね。現状ではどの程度のものなのでしょう。扉を見ればモノ入れを兼ねているのは明らかですけど。中は見せてもらえませんね。

元島　そこは決まりなので申しわけありません。ただ砲塔の後ろの部分には、サイドモジュールが付いていなかった試作車から、初期のティーガー戦車のゲペックカステン、ほらダンボの耳のようなのがあるでしょう？　あれにそっくりな物入れが付いてました。

編集　10式戦車の例えにレアなティーガーの名が出るとは思いませんでした。

元島　だからそこだけは「サイドバスケット」と呼ばれています。

編集　乗員区画の後ろにあたる部分ですね。10式戦車は昔の戦艦でいう「バイタルパート」の思想を取り入れているように思えます。護るべき部分は中心に小さく固めて、外側に……

元島　聞いてます？　それが外装式モジュール装甲なんですよ(笑)。

編集　ああっ、そうでした。

元島　間接防護力も重要です。小型化による小シルエット、特殊な塗装をはじめとする各所の遮熱板やゴム製スカート、レーザー検知装置、車両間や部隊間での情報共有(ネットワーク)による危険回避など、被発見性の低減、いわゆるステルス性ですが、これらがヒトマルの間接的防護力を高めています。

編集　赤外線ステルスですね。薄板1枚でも効果があるんですか。

元島　横方向からサーマル(赤外線暗視装置)で見たときに、排気口のあたりはホットスポットとして明るく写る部分です。こういう一見小さな部分を潰すことで、総合的な能力が向上するんです。

編集　試作車の報道発表で、陸幕広報の方に転輪ハブのベアリングが熱をもつのでスカートで隠したとお聞きしました。

120mm滑腔砲の威力とFCS

編集　120mm戦車砲は砲身長44口径で90式戦車と同じなので、威力もまったく同じだという人もいるようです。

元島　キューマルの砲はご存知のとおりラインメタルのRh120をライセンス国産したものですが、ヒトマルの砲は日本製鋼所が完全国産しました。

編集　日本製鋼所は90式の開発のときから120mm砲を研究開発していて、技術力が高いと聞いています。

元島　砲身の内部圧力、腔圧といいますが、これを高めて砲弾の初速を上げています。それでいて戦車砲の軽量化に成功しました。砲弾も改良されて、10式徹甲弾となりました。弾身のL/D比、長さと直径の比率が大きくなって、従来より装甲貫徹力が向上しています。

編集　以前より細長くなったんですね。

元島　射撃訓練に来たとき徹甲弾の火管は短いのに気づきましたよね？　弾身が長いということです。

編集　00(マルマル)式演習弾より先が尖っていかにも“痛そう“なタマなのは気付きました。かなり威力が上がっているわけですね。

元島　ドイツの新型弾に負けず劣らずです。だからキューマルではこの砲弾は射撃できません。もちろん薬莢部の規格は共通だから、従来のJM33(徹甲弾)や対榴(対戦車榴弾＝成形炸薬弾)はヒトマルから撃てます。

編集　砲身の排煙器が妙に細くなりましたよね。あれはなにか理由があるんでしょうか。

元島　排煙器の能力としては従来のものでも充分役に立っていたんです。シルエットを

第１機甲教育隊管理科長
3等陸佐
元島研也(もとじま けんや)

昭和42年11月4日東京都出身
血液型AB型。趣味は模型製作。

大東文化大学外国語学部英語学科卒業。一般幹部候補生。第71戦車連隊第3中隊をはじめに富士学校機甲科部教官や研究員を歴任。イラク復興業務支援隊では対外調整幹部。第2戦車連隊第4戦車中隊長、東部方面総監部人事部人事課などを経て現職。

小さくするために、排煙器まで小さくしています。
編集 そうだったんですか。さて、その威力を活かすのが射撃統制装置です。90式戦車は複数目標の自動追尾機能が注目されました。
元島 同時追尾できる目標数が格段に増えています。キューマルは車長潜（車長用パノラマ潜望鏡）の機能に限界がありましたが、ヒトマルは車長潜が360度独立旋回するので、車長潜で目標を捕捉しては砲手に撃たせるハンターキラー能力が格段に向上しています。オーバーライド機能が付いているので車長が砲手に優先して自分で射撃することも可能です。
編集 そしてスラローム射撃です。
元島 あれは砲塔と車体の傾きをジャイロが検出するとともに、射撃目標を自動追尾できることにより可能になりました。激しく動きながらのことですから、自動装填装置の作動速度の向上だとか、サスペンションの性能だとか、全体的な性能のボトムアップのおかげでもあるといえます。

駒門駐屯地の隊長執務室での千葉隊長。こちらのリクエストに対する気さくな対応から、"部下に慕われる指揮官"との評判の一端が垣間見えた。

ディスプレーとC4I

編集 試作車が報道公開されたときに砲塔の内部の写真も発表されたんですが、車載用としてはわりと大きめのディスプレーが砲手の前に1基と、車長用には前と右に1基ずつ搭載されていました。
元島 そのへんの作りは量産車でもそれほど変わってないですよ。
編集 ディスプレーへの表示はどういうものなんでしょうか。
元島 視察照準装置のカメラの映像を表示させたり、カーナビのような地図を出したり、思いのままです。スマートフォンのように、ディスプレーに写った目標を照準したり、複数目標に優先順を与えたりすることもできます。
編集 そう聞くと、まるで戦車戦のゲームのようですね。
元島 実景にシンボルを重ねて表示させることから、ゲームの画面をイメージしてもらえば、だいたい合ってると思いますよ。
編集 しかも自分では見えない目標を僚車からデータ通信で送ってもらえる。
元島 通信速度とデータ容量の関係から同時加入できる数には限りがありますが、目標の位置情報を部隊内で共有できるので、少数でも効率の良い戦闘が可能になります。
編集 試作車では同時加入できるのは小隊単位と伝えられ、現在でもそれに基づいて語られることがあります。
元島 それと比べたら、同時加入できる数がだいぶ増えていますよ。戦闘団を編成した場合に支援の普通科部隊や特科FO（前進観測班）とも情報共有する必要がありますからね。
編集 基幹連隊戦闘指揮システム（ReCs）にも加入可能とあります。
元島 あれは元々、普通科連隊向けで、全般状況の把握などには有用だけれども、リアルタイムでの情報共有には向いていません。歩兵が歩くスピードと戦車が走るスピードでは自ずと違いがあるでしょ。
編集 スピードといえば、単純にエンジンの最高出力の数字を重量で割ると、90式戦車のほうがトン当たりの馬力の値が大きくなりますが。
元島 ヒトマルの最高出力は1200馬力ですが、変速機内での出力損失が少ないので、起動輪での出力を測るとキューマルと同等以上といわれます。履帯を回すパワーが同じなら、重量が軽いヒトマルのほうが軽快に走るということです。

編集 最後に、戦車に乗っていての失敗談のようなものは何かありますか。
元島 北海道の演習場で、90式戦車の脱出ハッチを落としたことがあります。このときは、雪のなかを地雷探知機でまるまる1日かけて捜索し、発見しました。
編集 地雷探知機は有効なんですね〜。
元島 残燃料をよく確認しないで演習場に出て、気づいたら帰りの燃料が乏しくなって、まわりの小型（パジェロ）や3t半の携行缶の燃料をかき集めて駐屯地に帰ったこともあります。普通のクルマ同じで、いろいろありますよ。
編集 興味深いお話をたくさん伺うことができました。ありがとうございました。

第１機甲教育隊は、10式戦車をはじめ、90式戦車、74式戦車改、74式戦車と陸上自衛隊の現有４車種すべての戦車を装備している唯一の部隊だ。

陸上自衛隊10式戦車
1/35スケール精密5面図

作図／山田稔修(Raupen model)

このページの図面は、“タミヤ”や“タスカモデリズモ”(現アスカ)で数々の模型を設計し、現在は独立して自身のブランド“ラウペンモデル”を興した山田稔修氏にお願いした。設計用の3Dではなく単純な平面イラストではあれど、資料を提供し本書のディテール取材時には同行を求めるなどしている。このため全体形状や配置、面構成の正確さはかなり実車に肉薄しているはずだ。また調達年次による塗装パターンの違いをイメージしやすいよう、各面の写真も添えてみた。

10式戦車の平面図

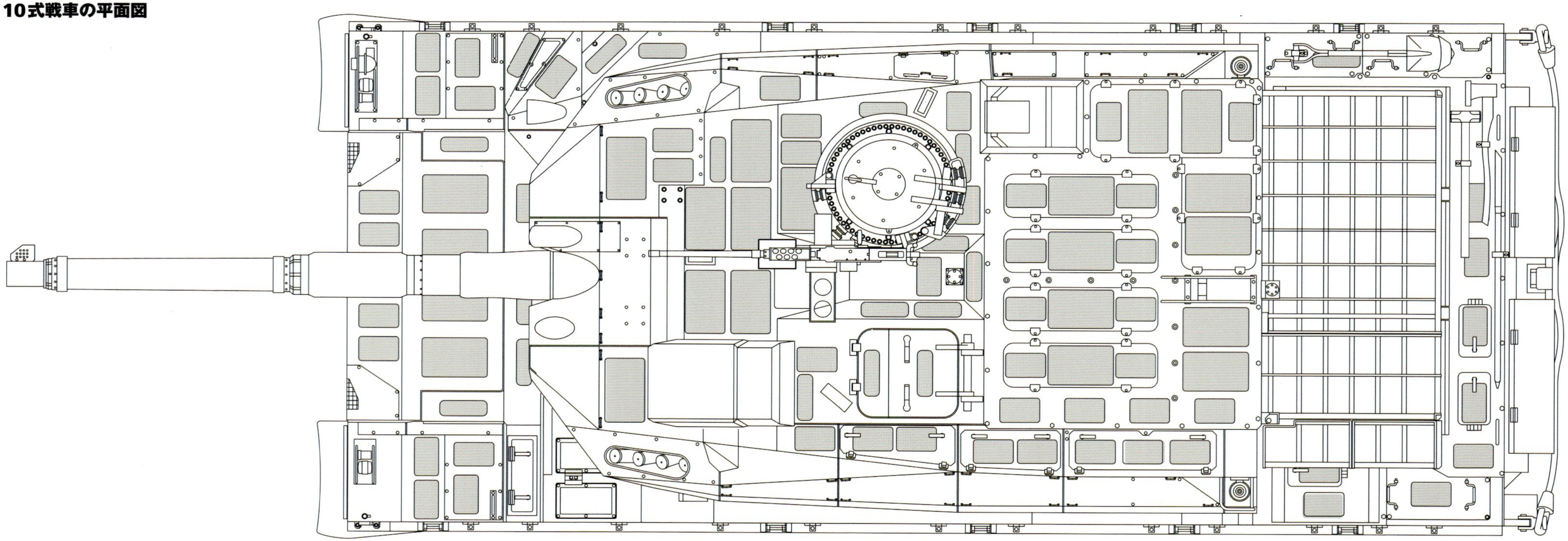

富士学校機甲科部のマーク

第１機甲教育隊のマーク

第１機甲教育隊第２中隊のマーク

戦車教導隊第１中隊のマーク（右側）

戦車教導隊第１中隊のマーク（右側）

第１戦車大隊の大隊マーク（両側とも同じ）

10式戦車の左側面図

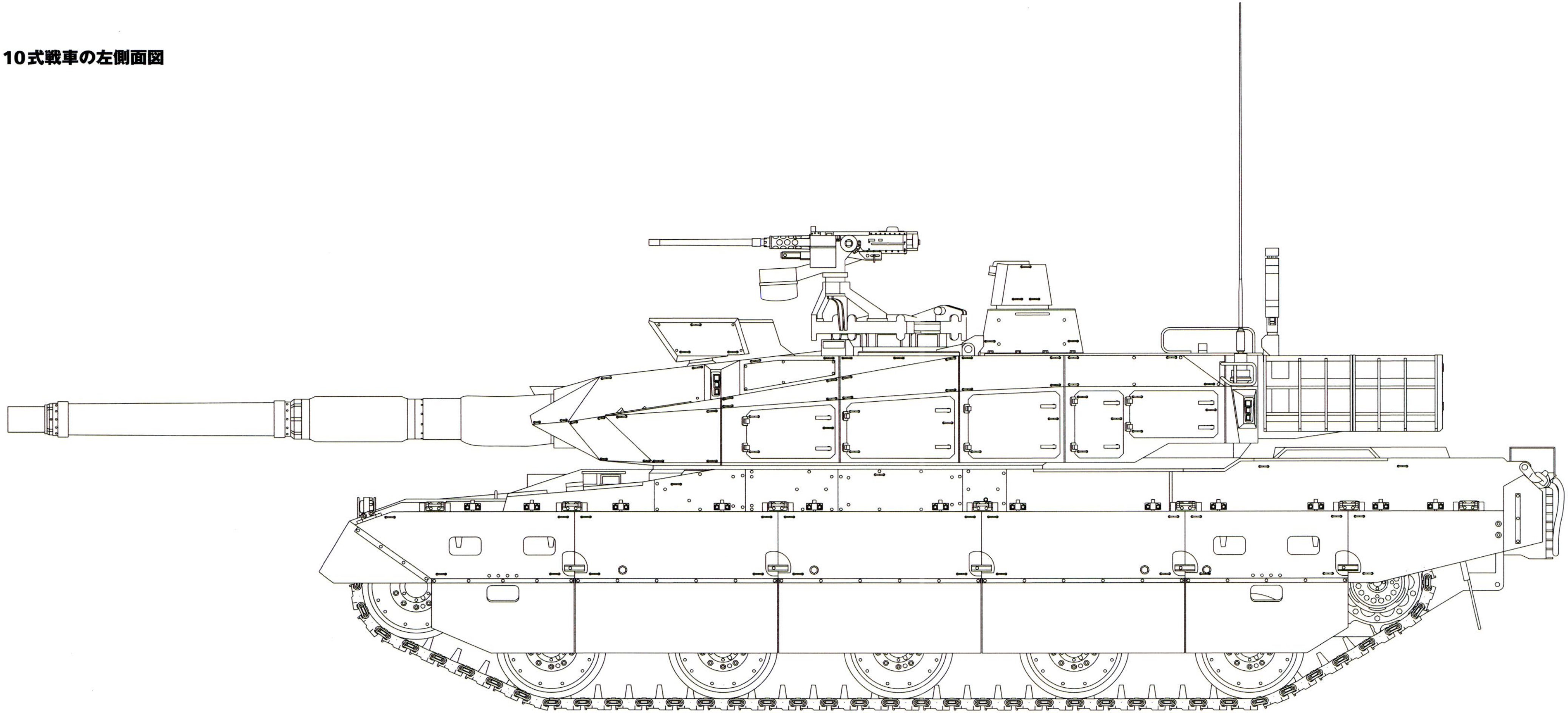

第１機甲教育隊第２中隊（C1仕様）

第１戦車大隊第１中隊（C2仕様）

10式戦車の右側面図

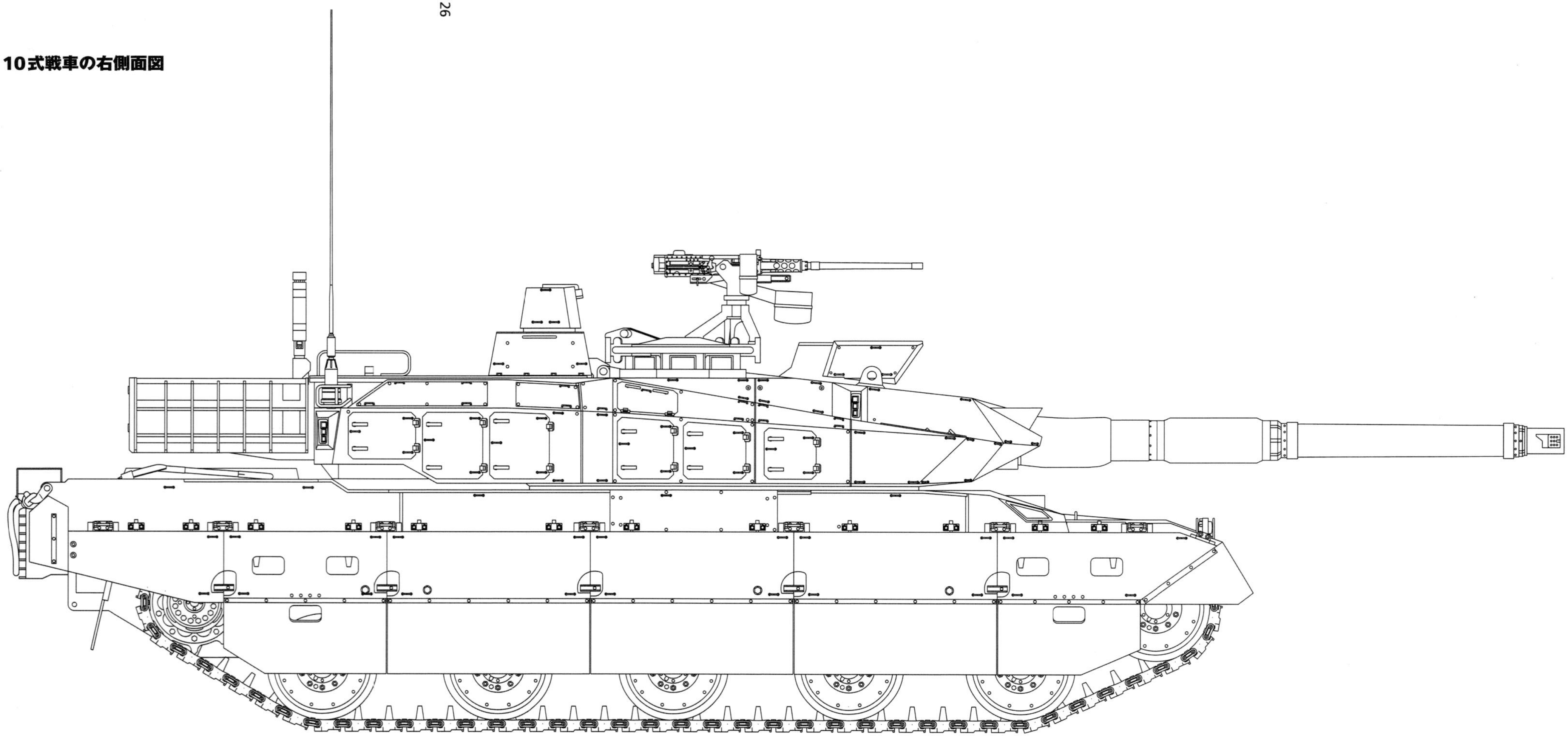

戦車教導隊第１中隊（C1 仕様）

第１戦車大隊第１中隊（C2 仕様）

10式戦車の正面図

10式戦車の後面図

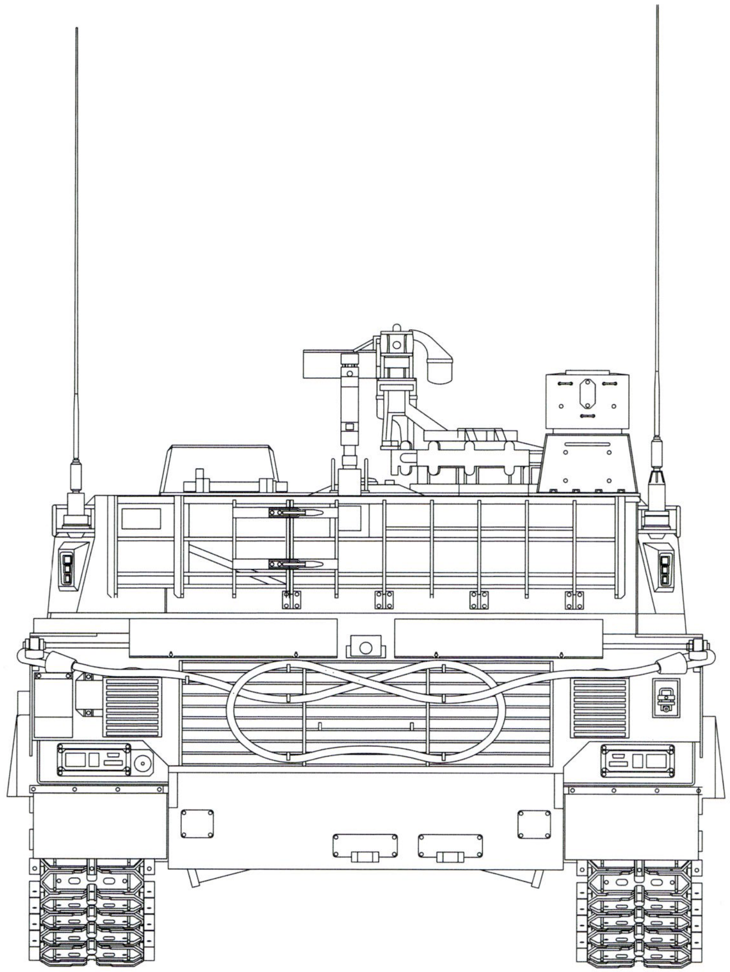

第 1 機甲教育隊第 2 中隊（C1 仕様）

第 1 戦車大隊第 1 中隊（C2 仕様）

戦車教導隊第 1 中隊（C1 仕様）

第 1 戦車大隊第 1 中隊（C2 仕様）

陸上自衛隊
10《ヒトマル》式戦車
写真集

写真
鈴崎利治・本田圭吾（インタニヤ）・黒川省二朗・吉田康則・浪江俊明（特記以外）

テキスト
浪江俊明

デザイン
大村麻紀子

DTP
小野寺 徹

取材協力
防衛省 陸上幕僚監部広報室・技術研究本部広報室
陸上自衛隊 富士学校広報室・滝ヶ原駐屯地広報班・駒門駐屯地広報班・
土浦駐屯地広報援護班・滝ヶ原駐屯地広報班・高等工科学校広報班
富士学校機甲科部・富士教導団・戦車教導隊・第１機甲教育隊・
第１戦車大隊・第１後方支援連隊戦車直接支援隊

陸上自衛隊10式戦車 写真集
Japan Ground Self-Defence Force Type 10 Tank

発行日
2013年10月6日　初版第１刷

編・著者
浪江俊明

発行者
小川光二

発行所
株式会社 大日本絵画
〒101-0054　東京都千代田区神田錦町１丁目７番地
Tel. 03-3294-7861（代表）
URL. http://www.kaiga.co.jp

編集人
市村 弘

企画・編集
株式会社アートボックス
〒101-0054　東京都千代田区神田錦町１丁目７番地
錦町１丁目ビル 4F
Tel. 03-6820-7000（代表）　Fax. 03-5281-8467
URL. http://www.modelkasten.com/

印刷
大日本印刷株式会社

製本
株式会社ブロケード

◎内容に関するお問い合わせ先：03（6820）7000　（株）アートボックス
◎販売に関するお問い合わせ先：03（3294）7861　（株）大日本絵画

Publisher; Dainippon Kaiga Co., Ltd.
Kanda Nishiki-cho 1-7, Chiyoda-ku, Tokyo 101-0054 Japan
Phone 81-3-3294-7861
Dainippon Kaiga URL. http://www.kaiga.co.jp.

Editor; ARTBOX Co.,Ltd.
Nishikicho 1-chome bldg., 4th Floor, Kanda Nishiki-cho 1-7, Chiyoda-ku,
Tokyo 101-0054 Japan
Phone 81-3-6820-7000
ARTBOX URL: http://www.modelkasten.com/

ISBN978-4-499-23117-6